JN169787

新・兵器と防衛技術シリーズ①

航空装備の最新技術

防衛技術ジャーナル編集部　編

はじめに

防衛技術協会が発行している月刊誌「防衛技術ジャーナル」では、平成６年（1994年）から防衛装備品に関する要素技術～応用技術の基礎的な解説を網羅的に扱った講座をシリーズで連載してきました。執筆者は、すべて防衛庁技術研究本部（現　防衛装備庁）の現職技官であり、それぞれの専門分野を担当していただきました。この講座は約10年の連載を経て完結したため、平成17年（2005年）にそれらを「兵器と防衛技術シリーズ」として再編集し「航空機技術のすべて」を初回配本したのち、「防衛用ITのすべて」「ミサイル技術のすべて」「海上防衛技術のすべて」「陸上防衛技術のすべて」「火器弾薬技術のすべて」全６巻と、別巻「海上防衛技術のすべて（艦船設計編）」を逐次刊行致しております。

一方、防衛庁技術研究本部は平成18年（2006年）に大きな改編が行われ、それまで技術分野ごとに独立していた「第１研究所」以下、五つの研究所も、「航空装備研究所」「陸上装備研究所」「艦艇装備研究所」「電子装備研究所」および「先進技術推進センター」といった装備別の名称に変更されました。従って、平成23年（2011年）から再び防衛技術ジャーナル誌に「防衛技術基礎講座」の連載を始めるにあたっては、それらの研究所が扱う装備分野ごとの「航空装備技術」「陸上装備技術」「艦艇装備技術」「電子装備技術」「先進技術」に分類し、約６年間かけて掲載してきたところ、ようやく完結を迎えることができました。そこで今回、続編となる「新・兵器と防衛技術シリーズ」を刊行することに決め、その第１巻として「航空装備の最新技術」を発刊することになりました。本書に収録したのは“航空装備技術”（平成26年９月号～27年11月号）と航空機に関連する“先進技術”（平成28年７月号）であり、組み換え並びに一部加筆修正しました。

本シリーズはこののちも、「電子装備の最新技術」「陸上装備の最新技術」「艦艇装備および先進装備の最新技術」の４分冊で逐次刊行していく予定でおります。

今回の「航空装備の最新技術」を編集するにあたって気が付いたことですが、既刊の「航空機技術のすべて」と比較した場合、当然のこととして新しい技術やシステム等が多く登場していました。前作が体系的、網羅的にまとめられているのに対し、本書では幾分トピックス的になったことは否めません。従いまして両書を併せてお読みになれば、航空機技術の基礎から将来動向までを広くご理解いただけるものと確信しております。

なお、本書の発刊に快くご同意下さった下記の執筆者の皆様に厚く御礼申し上げます。

饗庭　昌行、池上　喜幸、稲石　敦、伊能　一成、今荘　保、川上　博英、菊本　浩介、才上　隆、菅沼　若乃、永井　正夫、中澤　利之、西　修二、平野　篤、山口　裕之。　　　　　（以上50音順、敬称略）

平成28年11月

「防衛技術ジャーナル」編集部

— 航空装備の最新技術 —

目　次

第1章

軍用航空機システム

1. 航空機システム技術

戦闘機を代表とする軍用航空機は、その出現以来、より速く、より遠くへ、より強力なウェポンを運ぶことが求められてきたが、それに加えて1990年代以降の軍用機に新たに求められるようになったのが、相手側レーダに発見されにくくするステルス性である。

図1-1に戦闘機を中心とした世代推移を示す[1-1]。第1世代から続いた戦闘機の飛行性能の向上は第4世代に至って頂点を打った。米国で極秘裏に開発されていた初の本格的ステルス戦闘機であるロッキードF-117ナイトホーク（**図1-2**）[1-2]の初飛行は実は1981年で、その登場時期は第4世代戦闘機と同じであった。

F-117以前にも、同じくロッキード社製のSR-71ブラックバード偵察機が限定的なステルス性を有していたが、F-117は過去に例のない、直線と平面で構成された独特の機体形状をもち、相手側レーダから照射された電波を極力相手側レーダの方向へ反射しないようにして、また機体の要所には電波吸収体を設ける等の電波反射低減策が施された。そのRCS（Radar Cross Section：レーダ電波反射断面積）は0.025m^{2}といわれており、従来の戦闘機のRCSが10m^{2}程度であるのに対して1/400となっている。レーダによる探知距離はRCSの4乗根に比例するので、探知距離は1/4以下となる。

その機体形状からも想像がつくように、F-117の速度や航続距離といった飛行性能は第4世代戦闘機群に対して大きく劣り、戦闘機と名は付いているが空中戦は要求されなかった。そのステルス性を活かして目標に接近し、精密誘導爆弾を用いて対地攻撃を行うことを任務とし、1990年の湾岸戦争や2003年のイラク戦争などで開戦第一撃を担い、ステルス性の重要性を世界に強く印象付けた。

軍用機のステルス化はSR-71に始まり、F-117から本格化したが、2014年時点で実用化までこぎつけているステルス機はノースロップグラマンB-2スピリット爆撃機と、第5世代戦闘機と呼ばれるロッキードマーチンF-22ラプター戦闘機（**図1-3**）[1-3]を加えた米国の4機種だけであり、間もなくロッキードマーチンF-35ライトニングⅡ戦闘機が実用化段階に達するが、これら以外ではステルス機と呼べる機種は決して多くない。

その理由としては、ステルス機の実現のために従来の軍用航空機では必要とされていなかった新しい機体システム技術や、可能な限り電波放射を抑えて戦うことができる新しいシステム技術が必要になることなどがあり、米国以外の各国はそれらを確立するために長い期間を要している、ということができる。

そこで本節では、**1.1**項で現在、研究開発中のステルス機を紹介し、**1.2**

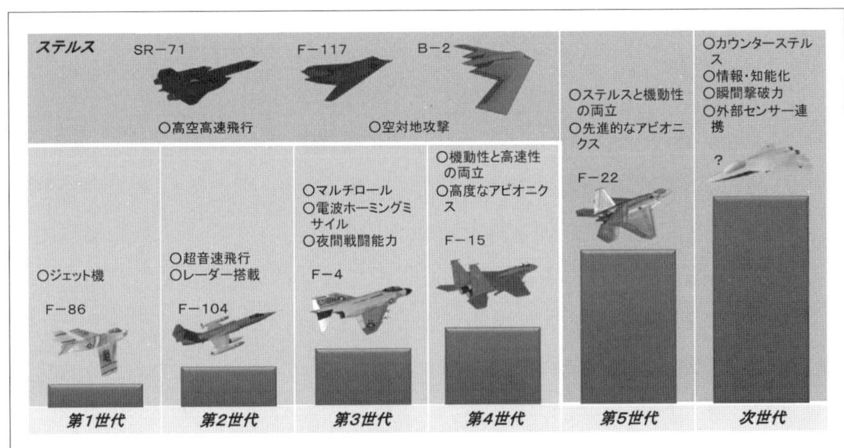

図1-1　戦闘機の世代推移[1-1]

図1-2　ロッキードF-117ナイトホーク戦闘機[1-2]

図1-3　ロッキードマーチンF-22ラプター戦闘機[1-3]

および1.3項においてステルス機を実現するための技術と、防衛省における取り組みについて紹介する。

また軍用回転翼機について、1.4項で米陸軍がFVL（Future Vertical Lift：将来垂直輸送機）という新しいプロジェクトを開始し、近い将来に大きな革新が起こる可能性が高まってきていることを紹介し、1.5項では通常型のヘリコプタ技術について概観するとともに、防衛省の取り組みについて紹介する。

1.1　世界のステルス機の開発状況

以下で、F-22以降に登場しつつあるステルス性を備えた戦闘機を中心に紹介する。

(1) ロッキードマーチンF-35ライトニングⅡ戦闘機

米国を中心とした国際共同開発により、Joint Strike Fighter（統合攻撃戦闘機）の名のもと、基本型の通常離着陸型F-35A（図1-4）[1-4]、短距離離離陸・垂直着陸型F-35B、空母艦載型のF-35Cという三つの派生型を並行開発している。2006年に初飛行し、わが国の航空自衛隊においてもF-4戦闘機の後継として導入が決まっている。推力19トン以上という、かつてない強力なエンジンを搭載した単発機で、最新のセンサとアビオニクスを搭載し、強力なデータリンクによりネットワーク化され、第5世代の西側標準戦闘機となる機種である。

図1-4　ロッキードマーチンF-35AライトニングⅡ戦闘機（基本型の通常離着陸型）[1-4]

(2) スホーイPAK-FA/T50戦闘機（図1-5）[1-5]

スホーイSu-27を代替する双発の戦闘機である。2010年に初飛行し、5機の

図1−5　スホーイPAK-FA/T50戦闘機[1-5]

試作機を製作し、開発が続いている。インドが採用を決定しており、開発資金を提供している。推力偏向ノズルを装備するほか、比較的背の低い全動式の垂直尾翼や新しいストレーキ前縁舵面の採用など、空力技術の面でも新たな取り組みがなされている。

また、これまで戦闘機の火器管制レーダは機首に搭載された前方レーダのみであるのが一般的であったが、本機は前部胴体側面、主翼前縁、テールコーンにも送受信アンテナを設けた強力なレーダシステムを搭載する計画である。

（3）中国航空工業集団公司J20戦闘機（図1−6）[1-6]

中国航空工業集団公司の成都飛機工業集団が開発中の双発の戦闘機である。2011年に初飛行し、これまでに4ないし5機の試作機が飛行試験を行っている。他のステルス機と異なり、欧州の第4世代戦闘機であるユーロファイター・タイフーン（英独伊西）、ダッソー・ラファール（仏）、サーブ・グリペン（スウェーデン）等と同じく、水平尾翼をもたず、カナードと呼ばれる前翼をもつ形式を採用している。

図1−6　中国航空工業集団公司　J20戦闘機[1-6]

（4）中国航空工業集団公司J31戦闘機（図1−7）[1-7]

中国航空工業集団公司の瀋陽飛機工業集団が開発中の双発の戦闘機で、2012年に初飛行した。J20よりは小型の機体であり、脚の形状から中国海軍の空母艦載機ではないかと推測されている。米国のF-35と比較すると、双発であることや、ウェポンベイの配置が異なっているが、主尾翼の配置が似通っている。

図1-7　中国航空工業集団公司　J31戦闘機[1-7]

(5) 米露の次期戦略爆撃機構想

米国はB-2／B-52の後継としてLRS-B (Long Range Strike-Bomber:長距離打撃－爆撃機)[1-8]、ロシアはTu-95／Tu-160の後継としてPAK-DA (図1-8)[1-9]と、それぞれ次期戦略爆撃機の構想を検討している。いずれも高度なステルス性とネットワーク戦闘能力を有することになる。またPAK-DAの開発には中国が参加を検討しているとの報道もある。

図1-8　ロシア次期爆撃機PAK-DA (想像図)[1-9]

(6) 先進技術実証機X-2 (図1-9)[1-10]

図1-9　先進技術実証機X-2[1-10]

わが国の防衛省技術研究本部（現防衛装備庁）の研究プロジェクトであり、将来の戦闘機に適用が期待されるステルス機体形状やエンジンの推力偏向制御等の先進技術を盛り込んだ実験用の航空機を試作し、実際に飛行させることにより技術の実証および有効性の検証を行うものである。

1.2　ステルス機を実現する技術

従来の戦闘機における主な電波反射源を**図1-10**[1-11]に示す。ステルス性を向上させるためには、これらの電波を反射する要因の一つ一つについて、**図1-11**[1-12]に示すように適切な方策を施し、全機として破綻させることなくまとめ上げることが必要である。

図1-11に示した方策のうち、特にウェポンの内装化とエンジンのインテークダクト・システムのステルス性改善については、単独の要素技術で済む問題ではなく、システム的な取り組みが必要となる重要な課題であり、技術研究本部においても研究を実施している。これらについて説明する。

（1）ウェポンの内装化

戦闘機の主たるウェポンはもちろんミサイルであるが、ミサイルには複数のフィンが互いに直角を成して装着されていたり、主翼に取り付けられたパイロンと呼ばれる垂直な板状の部品に吊り下げられたりしているため、非常に強く電波を反射してしまう。ステルス機においてはこれらのウェポンを胴体内のウェポンベイに収納することが必須となっている。

図1-12にウェポン内装システムの主要な構成品を示す。特に戦闘機はミサイルを超音速飛行中に発射することが要求されるので、ベイ扉とその開閉機構は大きな空気力に対抗して確実に短時間で開閉できることが必要となる。また、ベイの外部と内部では気流の状態がまったく異なるため、ミサイルをベイの奥から機外へ射出するのは容易なことではなく、特別なランチャー機構が必要となると同時に、低速から高速まで、旋回や上昇・降下、迎え角等のさまざまな飛行条件におけるミサイルの分離特性を正確に解析する技術が必要となる。

このため技術研究本部においては、平成25年度からウェポンリリース・ステルス化の研究に着手しており、研究試作（その１）においてはCTS（Captive Trajectory System）装置を用いる風洞試験模型を、研究試作（その２）においてはランチャー、ベイ扉および開閉機構等の地上リグ試験供試体をそれぞれ試作し、性能確認試験を実施して、平成29年度までにこれらの技術の確立を目

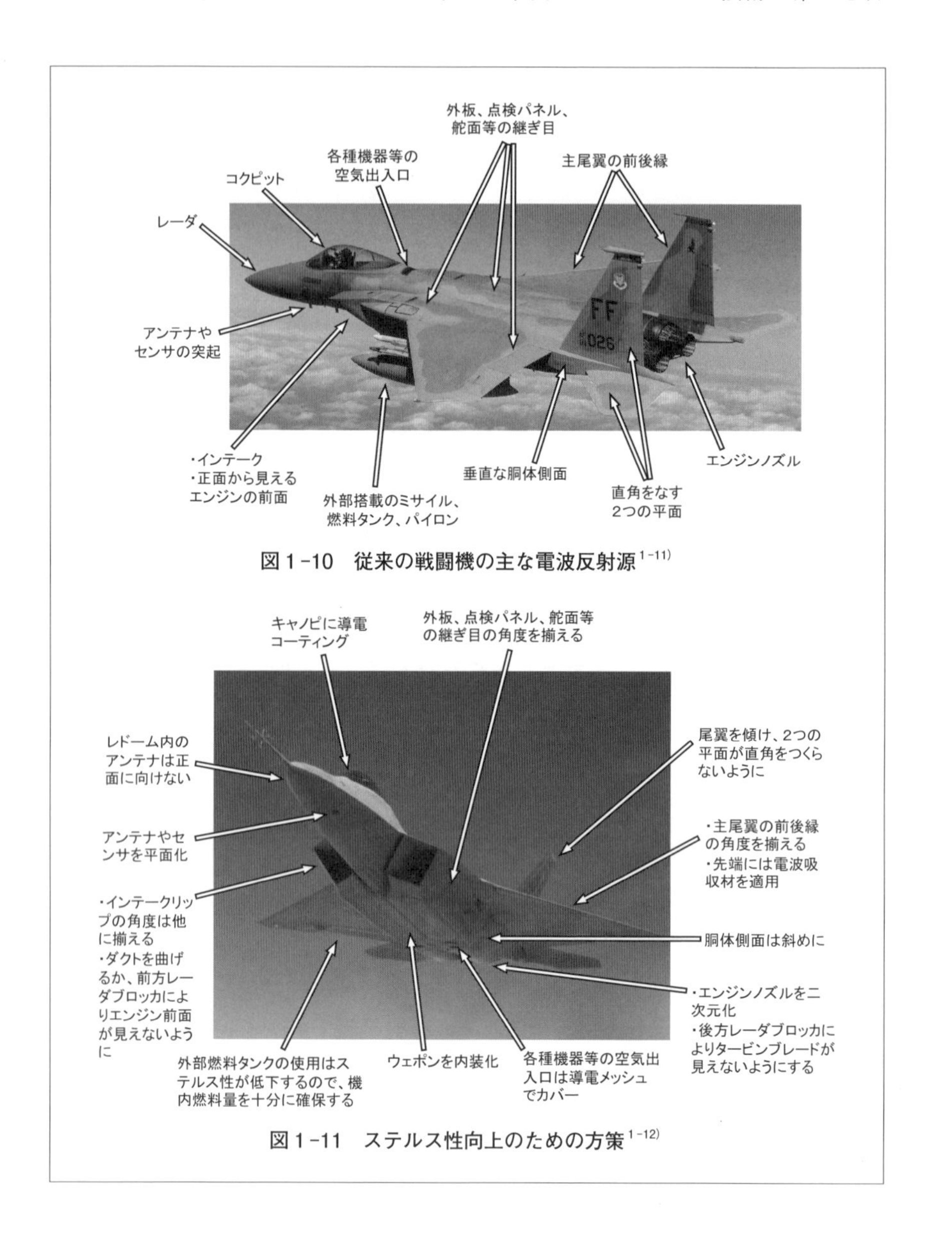

図1-10　従来の戦闘機の主な電波反射源[1-11]

図1-11　ステルス性向上のための方策[1-12]

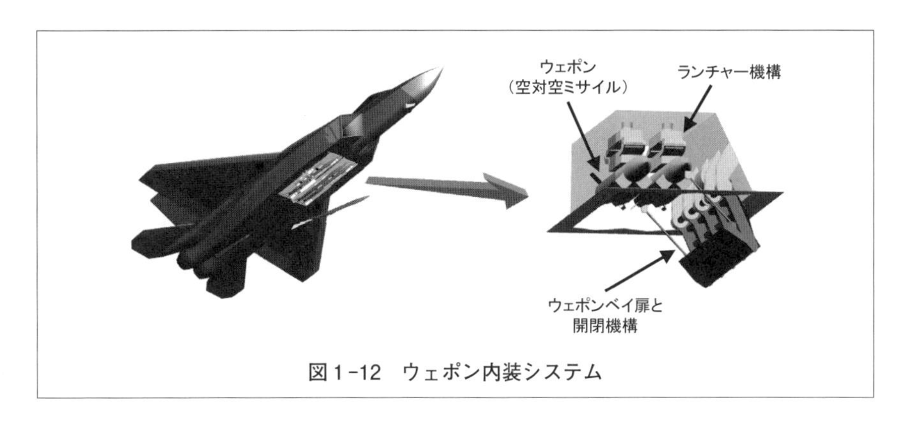

図1-12　ウェポン内装システム

指しているところである。

（2）インテークダクトのステルス化

従来の戦闘機においては、さまざまな飛行速度や迎角等の条件下で、エンジンに対して可能な限り乱れの少ない空気を送り込むため、そのインテークダクトは真っ直ぐに作られているものが多かった。これはステルス性の観点からは最悪の設計となり、前および前下方から入射する電波はエンジンのファン面に直接当たり、非常に強く反射してしまう。そこでステルス機においては、**図1-13**に示すように、インテークでは主尾翼と前縁の角度を合わせて電波反射の方向

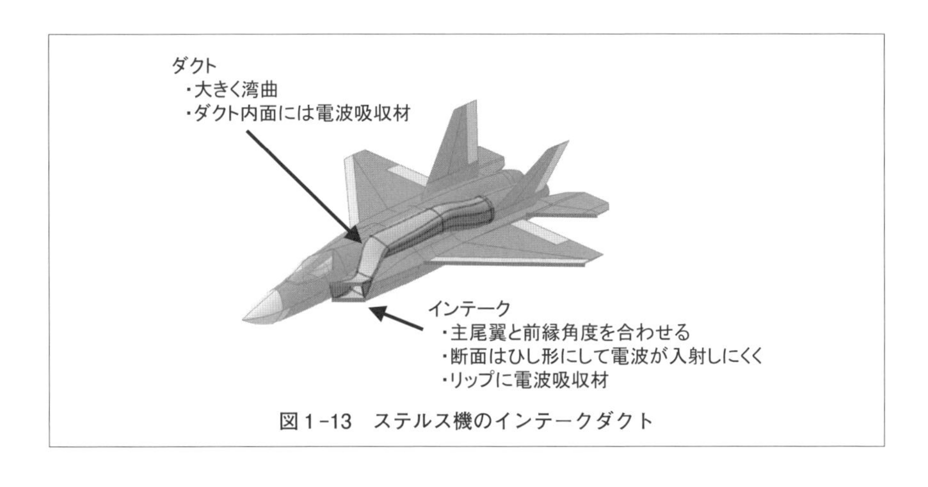

図1-13　ステルス機のインテークダクト

を限定すること、断面はひし形のような扁平形状（カレット形状）を採用して波長の長い電波が入りにくくすること、インテーク・リップには電波吸収材を適用すること、ダクトを湾曲させてファン面で反射した電波は直接外へ出さず、電波吸収材を貼り付けたダクト内面で複数回反射させて減衰させること等の対策が必要となる。しかし、このようなインテークダクトにおいては、従来のストレート・ダクトに比べてエンジンが吸入する空気の乱れが強くなる等、空力的な特性が大幅に悪化してしまう。

このため技術研究本部においては、インテークダクト内部で空気の吹き出しや吸い込み等の流れ制御を行って、ステルス性とエンジン前面での空力的な改善を両立させることを目的として、平成26年度からステルスインテークダクトの研究に着手している。この中ではインテークダクトの空気の流れを評価するための風洞試験模型を試作し、性能確認試験を実施して、平成30年までにステルス性と空力的な改善を両立するインテークダクト内部の流れ制御技術の確立を目指しているところである。

1.3　ステルス戦闘機に必要なネットワークおよび火器管制

近年、米国を中心としてLink16と呼ばれるデータリンクが普及しつつあり、状況認識（Situational Awareness）の向上に大きく貢献してきている。さらに第5世代機のF-22においてはIFDL（Intra Flight Data Link）、F-35においてはMADL（Multifunction Advanced Data Link）が採用され、編隊内の僚機間で指向性をもたせた通信を行うことにより、ステルス性を損なわない高速データリンクを実現しているとされている。

前項に述べたように電波反射を抑える努力をしているステルス戦闘機だが、従来の戦闘機と同じように大出力のレーダの電波を漫然と発射していれば自らの存在を暴露してしまうことになるため、データリンクにより情報を共有して連携することにより、自らの電波発射を抑え、対多数機や対ステルス機などの不利な戦況においても優位に空対空戦闘を行うことが可能となる。

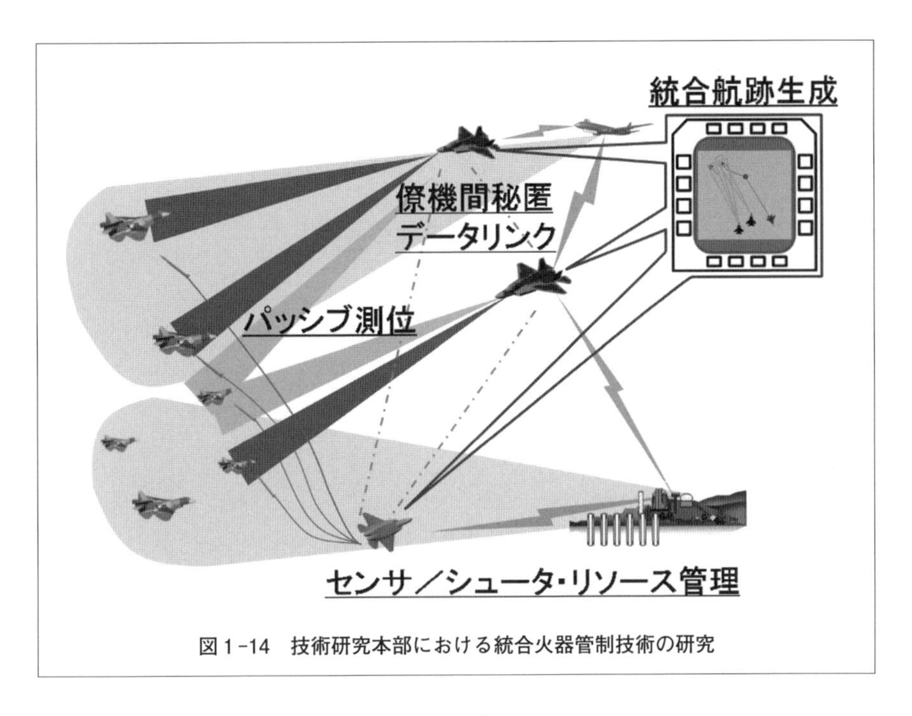

図１-14　技術研究本部における統合火器管制技術の研究

技術研究本部においても、**図１-14**に示すように地上レーダや早期警戒管制機等の各種アセットと連接し、編隊内のセンサおよびウェポンを高速かつ秘匿性の高いデータリンクを介して空対空ミサイルを統合的に管制する、統合火器管制技術について平成24年度から研究に着手している。

これにより、例えばセンサの役割を担う機のみがレーダを作動させて相手機を発見し、そのデータリンクを介して高精度の相手機情報を編隊内で共有し、シュータの役割を担う機がミサイルを発射でき、さらにそのミサイルの中間誘導をガイダの役割を担う機が行う、というように僚機同士が連携して編隊内のリソースを最適に活用し、有利な戦闘を行うことができる。

また、ステルス性が高くレーダで安定した探知・追尾が困難な目標であっても、各機がレーダで得た断片的な航跡情報を編隊内で統合生成したり、パッシブ式光学センサで複数機による三角測量の要領で位置を測定したりといった方法により、ミサイルによる攻撃が可能となる。

本研究ではシミュレータにより地上における効果確認、また試作システムを実機に搭載した飛行実証により実環境下での効果確認を行い、平成31年までに統合火器管制技術の確立を目指しているところである。

1.4 新形式の軍用回転翼機の開発状況

軍用回転翼機に目を転じてみると、低高度を飛ぶことによりレーダの電波を避けることができる回転翼機では、対レーダ・ステルス性が強く要求されることはほとんどなかった。米国陸軍向けに開発されていた偵察戦闘ヘリRAH-66コマンチは初のステルス・ヘリコプタとして期待されていたが、コスト増大や運用環境の変化に伴って2004年にキャンセルされてしまった。2011年に米国がパキスタンにおいてアルカイーダの指導者ウサーマ・ビン・ラーディンを襲撃した際には、ステルス性を向上した特殊戦部隊用の改造型UH-60ヘリコプタを使用したとされている[1-13]が、ヘリコプタは元来が小型の航空機であるため、ステルス性をもたせることによる重量やコスト増等のデメリットが大きく、通常の運用場面へ普及する可能性は低いと考えられる。

1990年代以降、新たに開発された軍用ヘリコプタとしては、輸送・多用途ヘリとして独仏伊蘭のNH90、インドのDhruv、米国のUH-1YとCH-53K、韓国のSurion、戦闘・偵察ヘリとして独仏のTIGER、米国のAH-1Z、日本のOH-1等があるが、これら通常型のヘリコプタに関しては、もちろん従来機に比べ改良され、安全性や実用性等は向上してはいるものの、速度や航続性能などの飛行性能上の大きな進歩はみられなくなりつつある。これは、大きなメインロータを回転させて揚力を得て、これを前傾させて前進飛行を行う通常型のヘリコプタという

図1-15 ベル・ボーイング V-22オスプレイ ティルトロータ機[1-14]

航空機の、本質的な制限に達しているといっていい。

このような制限のブレークスルーを目指して、古くは1950年代からさまざまな形式の複合動力ヘリコプタや垂直離着陸機の研究開発が行われてきていたが、近年ようやく実用段階に達したのが、**図1-15**[1-14]に示す米国のベル・ボーイング社製のティルトロータ機、V-22オスプレイである。昨今、国内では大変に有名な機体となったが、通常型のヘリコプタの最大速度が270km/h程度であったのに対して550km/hを出し、条件にもよるが2倍以上の航続距離を飛行することができ、ヘリコプタに比べて別次元の性能を実現している。

一方、米国においてV-22を採用していない陸軍は、将来垂直輸送機（FVL：Future Vertical Lift）の開発構想を進めつつあり、その前段階として統合多用途技術実証機（JMR-TD：Joint Multi-Role Technology Demonstrator）の試作が間もなく開始される。現用のUH-60ブラックホーク多用途ヘリ、AH-64アパッチ戦闘ヘリ、CH-47チヌーク輸送ヘリなどに代わる新たな高速・長航続の回転翼機を2030年代半ばまでに実現させようという計画であり、425km/h以上の速度と、2倍以上の航続性能が要求されている。

JMR-TDは、2013年に4チームと概念設計契約が結ばれ、これが2014年には2チームに絞られて、2017年に予定されている飛行実証フェーズに移行する予定である。**図1-16**[1-15]に示すように、ベル・ロッキードマーチン・チームはV-22の技術を発展させたティルトロータ機V-280バロー[1-15]を、シコルスキー・

図1-16　ベル・ロッキードマーチンV-280バロー[1-15]

シコルスキー・ボーイングSB-1デファイアント[1-16]

図1-17　米国陸軍統合多用途技術実証機の候補

ボーイング・チームは推進用プロペラを備えた二重反転ロータの複合ヘリコプタSB-1デファイアント**図1-17**[1-16] を提案しており、他にも２社が独創的な新形式の回転翼機を提案している。RAH-66コマンチがキャンセルされて以来、低調となっていた米陸軍の回転翼機開発が再び世界の推進役となるか、注目される。

1.5　通常型ヘリコプタの開発状況

従来の通常型のヘリコプタは、前項で述べたティルトロータ機や複合ヘリコプタに対して速度と航続距離において劣るものの、依然として大きなメリットがある。それは、大きなメインロータを回転させて大量の空気を下向きに送ることで揚力を得ているがゆえに、空中で停止するホバリングにおける燃料消費が少なく、低速域での任務に適している点である。すなわち時速270km/h程度の速度と、1,000km内外の航続距離という性能で実施できる任務であるならば、通常型のヘリコプタほど使いやすい乗物は他には存在しない。ヘリコプタは性能、操縦性、構造強度、コスト等々において絶妙なバランスをもって成立している奇跡の乗り物といってよく、ティルトロータ機や複合ヘリコプタが実用化された暁においても、ヘリコプタの価値は決して失われることはない。このため現在においても各国ではヘリコプタの研究開発を継続し、細かな技術革新を積み重ね、より安全・経済的で使いやすいヘリコプタを目指して不断の努力が行われている。

その通常型のヘリコプタにおける画期的な技術が、技術研究本部で取り組んできた「一体型MDCシステムの研究」[1-17] である。MDCとはMajor Dynamic Componentの略語でヘリコプタの主要駆動系統のことであるが、駆動だけでなく操縦と飛行荷重をも担う、ヘリコプタの核心部分である。**図1-18**にヘリコプタにおけるMDCを示すとともに一体型MDCシステムの断面図を示す。本システムは、

・複合材製最適ロータ・ハブ

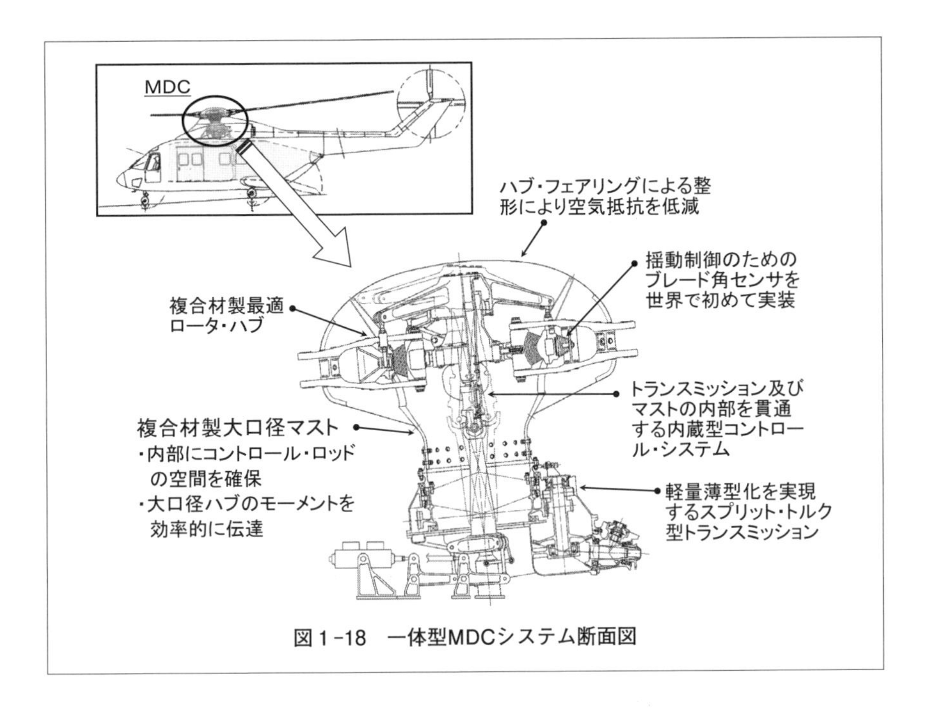

図１-18　一体型MDCシステム断面図

・複合材製大口径マスト

・内蔵型コントロール・システム

・スプリット・トルク型トランスミッション

・ロータ面傾斜制御による揺動制御

の多彩な五つの技術を盛り込み、当初から一体として設計することにより、簡素な構造を指向し、過大なコストを要さずに大幅な軽量コンパクト化、低空気抵抗化と、画期的な乗り心地の改善を実現し、ヘリコプタの任務達成能力を大きく向上することが可能なシステムである。

この世界的にも画期的な一体型MDCシステムは、中・大型ヘリコプタへ適用することによりその真価を発揮するものであり、軍用のみならず民生用への活用も期待できる。

本節では、諸外国とわが国において現在、研究開発中の戦闘機を中心としたステルス機を紹介するとともに、ステルス機を実現するための技術と、防衛省における技術研究の取り組みについて紹介した。また将来の回転翼機についても動向を述べた。

これまで米国のみが実用化し、軍事技術の世界でゲーム・チェンジャーとして君臨してきたステルス機だが、これから、いよいよ各国が開発するステルス機が登場し、互いに対峙していくことになる。将来のステルス機同士の戦いにおいては、さらに新しい技術による新しい戦い方が生まれてくることになるであろう。

従来もそうであったように、将来を見据えた不断の技術研究開発がこれからも必要である。

2. 構造軽量化と衝撃吸収に関する技術

近年、構造軽量化の必要性は省エネ・高効率化を求めてさまざまな分野で高まっており、その解決策として比強度・比剛性に優れた先進複合材料〔特に炭素繊維強化プラスチック（以下「CFRP」という）〕の適用が拡大している。CFRP適用の先駆者である航空宇宙分野では最新鋭旅客機で複合材料適用率は約50%（重量比）に達する[1-18]。軍用機分野でも傾向は同様である。第５世代戦闘機の技術としてはステルス性や高運動性等に注目が集まりがちであるが、機体外板接合部へのセレーションの適用、扉等の可動パネルの変形抑制のための高剛性化、重い電波吸収材の適用などの重量増加要因が指摘されており[1-19]、重量軽減に向けた技術開発の重要性は変わらない。ただし、民間機に比べると複合材適用率の伸びは緩やかであり、F-22は約24%[1-20]、現在、開発中のF-35は約35%[1-21]とされる。

他分野でも複合材適用は拡大しており、2010年代後半からは自動車用途の本格的な拡大が期待されている[1-22]。複合材適用のボトルネックとされていた生産効率が大きく改善されており、2013年にはその先駆けとなるBMWi3[1-23]が一般向け量産車として市場に投入された。パッセンジャー・セルにCFRPを採用し、構造軽量化と安全性向上を謳った車両である。

また、CFRPの長所は強度・剛性だけではない。特有の破壊形態を活用すれば優れた衝撃吸収能力を構造に付与することが可能である[1-24]。適切に設計されたCFRP構造に衝撃荷重を負荷すると、衝突箇所から順次壊れていき、非常に小さな破片を伴いながら効率的に衝撃エネルギーを吸収する（逐次破壊）。この特性を用いて航空機の不時落下や自動車衝突事故に対する乗員安全性の向上が期待されている。

他方、安全性に関して配慮すべき事項もある。例えば、CFRPは電気伝導度が金属に比べて極めて小さく、雷や静電気等の電気エネルギーの分散と火花の防止に特別な対策が必要である。炭素繊維単体の電気抵抗は低いが絶縁体であるエポキシ樹脂に埋め込まれると、複合材としての電気抵抗はアルミの千倍以上になる[1-25]。ボーイング787は外板にCFRPを多用したため、雷対策（特に被雷したインテグラル燃料タンク内部に生ずる火花に対する防爆処置）が開発課題の一つであったとされる[1-26]。

本節では、CFRPの活用を拡大するための構造技術として構造軽量化技術と衝撃吸収技術について概説する。構造軽量化技術では、現在のCFRP構造の課題を製造と設計の観点より述べた後、その解決策として期待される接着・ファスナレス構造について諸外国の研究事例を交えて説明する。衝撃吸収技術に関しては、航空装備研究所が実施した研究試作の結果を中心に回転翼機の耐衝撃性機体構造について紹介する。

2.1　構造軽量化技術

図１-19に航空機への複合材適用率の推移を示す。2000年代以降、戦闘機では30％前後の適用率に留まっているが、欧米諸国の大型民間機への複合材適用率の向上は顕著である。一方、わが国の同世代機であるXP-1/XC-2やMRJの複合材適用率は10％前後に過ぎない。このような状況を改善しCFRP適用拡大

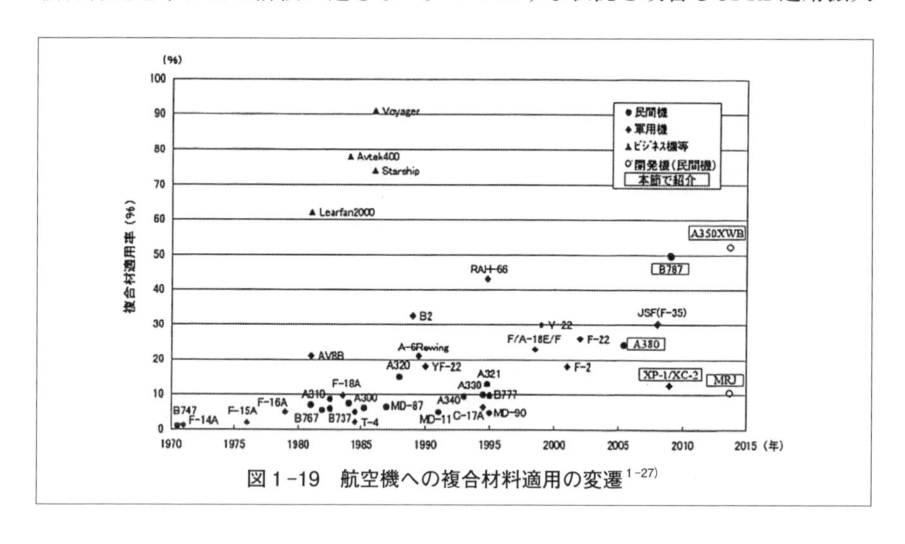

図１-19　航空機への複合材料適用の変遷[1-27]

と構造効率改善により構造軽量化を達成するためには現状の問題点を確認することが不可欠である。

（1）CFRP構造の製造コスト

CFRPの第一の問題は高コストである。**表1－1**に航空機構造の生産コストの推算（初期投資分を除く）を材料種別に示す。本表は1990年代前半に米国ランド研究所が米空軍の委託により実施した米国航空機製造会社への調査結果である。主要構造部材に多用される炭素系複合材（Gr/E）は、アルミ合金（Al）と比べ、材料コスト、製造・組み立てコスト、維持コストのすべてにおいて2倍弱になる。F-35等に適用されている耐熱性に優れた炭素繊維/ビスマレイミド樹脂複合材（Gr/BMI）では更に2割弱のコスト増である。以下、CFRP構造の高コスト要因を製造過程に沿って見ていく。

表1－1　材料種別航空機構造生産コストの推算[1-28)]

MID-1990s : REPURRING DOLLARS PER POUND (INDUSTRY AVERAGE)
(Cumulative average dollars for 100 units for 1000 lb of structure in 1990 dollars)

Cost Element	Al	Al-Li	Ti	Steel	Gr/E	Gr/BMI	Gr/TP
Manufacturing labor[a]	529	620	830	718	880	1,092	958
Raw material[b]	25	28	82	20	118	127	137
Total Manufacturing cost	554	648	912	738	998	1,219	1,095
Support labor[c]	227	314	440	411	550	597	606
Total recurring cost	831	962	1,352	1,149	1,548	1,816	1,701

[a] Includes fabrication and assembly labor.
[b] Includes material burden of 15 percent.
[c] Includes sustaining engineering sustaining tooling, and quality assurance.

まず炭素繊維の製造には摂氏数千度での炭化、黒鉛化などの複雑な過程が必要であり、前駆体からの変換効率は最大50％程度に過ぎない。次にプリプレグと呼ばれる中間素材の形態に仕上げる必要があるが、プリプレグは硬化反応を抑制した半乾きの樹脂に炭素繊維が埋め込まれており、品質維持のために清潔な冷凍庫で管理されなければならない。このように材料レベルで複雑な製造工程と管理体制が要求されることが、高コストを招く一因である。

その後、プリプレグは成形型に積層され、高温・高圧環境を作り出すための窯（オートクレーブ）で硬化される。成形型にはCFRPの熱膨張係数への適合と繰り返し使用に関する高い耐久性が求められるため、インバー合金等の高価な材料が通常使用される。

成型後の部品は機械加工を経て組み立てに回されるが、そのコストは材料・成型コストと同程度である[1-29]。金属に比べると、CFRPはトリミングや穿孔等の機械加工により損傷を受け易く、また工作機械の工具側にも損傷を与えがちな材料である。原因は、高強度で高い耐磨耗特性を有する炭素繊維が弱く脆い樹脂で固められていること、および絶縁性の高い樹脂の影響で熱伝導性に劣ることにある。そのため、作業中に機械加工部に熱が溜まりやすく、樹脂の劣化と亀裂、層間剥離に配慮が必要である。工作機械側の切り刃やドリルの磨耗も早いため、適切な加工条件の設定と高い硬度をもつ特殊な工具が必要となる。

最後の組み立て工程も非常に複雑な労働集約型の作業である。機械加工後の各種部品（桁、力骨等）を組立治具上にセットし、シム調整、穿孔、ファスナ締結、シール処置を交えながら、シアタイやクリップ等の小部品で結合され、最終製品へと組み上げられていく。

（2）CFRP構造設計（継手設計）の効率

第二の問題は設計に係るものであり、ここではファスナ継手に関する課題を取り上げる。継手は複雑な荷重パスと多様な破壊モードを示すため、材料の如何に関わらず、構造設計において注意が必要である。特にCFRP構造では、ファスナ継手強度の低さは、異物による衝撃損傷後の強度低下と並び、解決すべき弱点として広く認識されている。代表的な航空機用材料である7000系アルミ合金と比較するとCFRPの継手強度は著しく劣る。これはスチールやアルミのもつ塑性変形と局所的な荷重再配分がCFRPには期待できないこと、CFRPの異方性がファスナ孔周りの応力分布に影響を与えること、現在、主流のCFRP積層板では板厚方向強度が低いことなどに起因する。

現在の設計上の対策としてはファスナ孔周辺部の板厚を増加し強度向上を図ることが一般的である。理想的には板厚増をファスナ孔近傍に限定すべきだが、CFRP積層板の板厚方向強度の低さが制約となり板厚の急変は難しい。その結果、ファスナ孔から離れた一般部でも板厚増が維持されるため、軽量化の効果は薄れてしまう。特に小型輸送機のように内部荷重の小さい機体への悪影響が大きい。

（3）接着・ファスナレス構造のメリットと研究事例

既存CFRP構造にはコストや設計等のさまざまな問題が付きまとい、適用対象によっては複合材の採用がベストとは限らない。こうした欠点の解決策として各国で現在検討が進められている技術がファスナ継手を減らすための構造技術（ファスナレス構造）である。設計上の利点としては、部材板厚が減少して軽量化が可能となり、荷重の流れがスムーズになり構造効率が向上し、疲労損

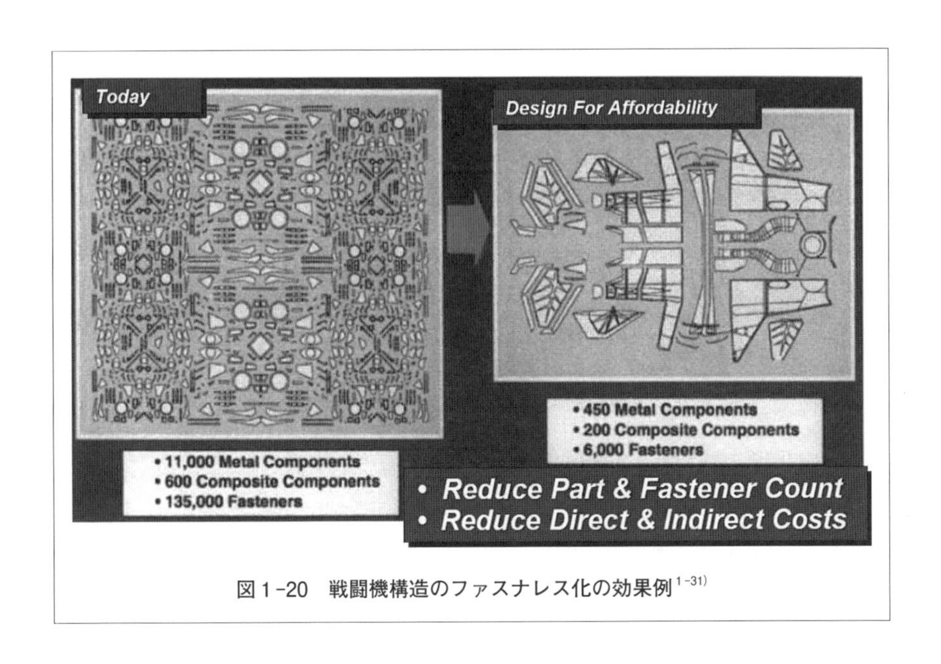

図1-20　戦闘機構造のファスナレス化の効果例[1-31)]

傷の起点となる応力集中部の削減により疲労寿命が改善されること等が挙げられる。また機械加工や組み立ての工数が削減されるため機体の取得コスト低減にも有効である。

ファスナレス化の要となるのが二次接着技術である。これは個別に成形・硬化済の複合材部品を接着材で接合する技術であり、プラモデル的な組み立て方法の実機での実現を目指すものである。F-2の複合材一体成形主翼に適用された方式（コキュア：複数の未硬化部品を成形治具に組み付けた後にオートクレーブで同時硬化させる方式）に比べて自由度が高く、従来では一体成形が困難であった複雑な部品も簡単な部品を二次接着で接合することでファスナレス化が可能である。**図1-20**に戦闘機構造に対する部品点数およびファスナ本数削減の試算例を示す。11,600点の金属・複合材部品が650点の部品へと減少し、ファスナ本数も135,000本から6,000本に減るとされている。

近年、実機適用を強く意識した接着・ファスナレス化の応用研究が接着技術の進展を背景に各国で盛んに進められている。2000年以降に欧米諸国で実施された（または実施中の）プロジェクトに限っても、米国のComposites Affordability Initiative（CAI）[1-30]、欧州諸国のBoltless assembling Of Primary Aerospace Composite Structures project（BOPACS）[1-31]、Advanced Bonding Technologies for Aircraft Structures（ABiTAS）[1-32]などが存在する。またボーイング社等も独自の研究開発を精力的に進めている[1-33]。

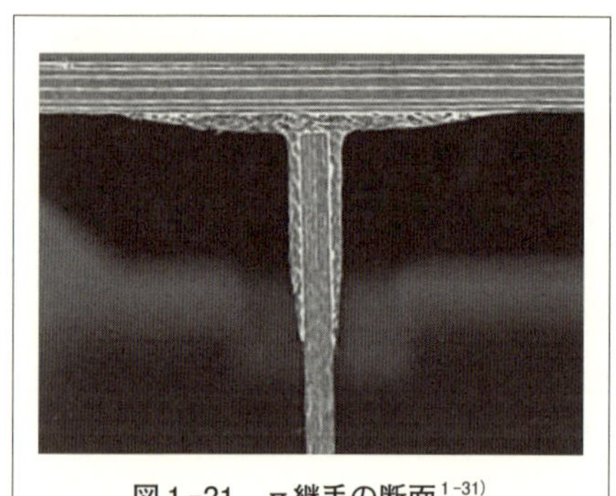
図1-21　π継手の断面[1-31]

CAIは米空軍研究所が主導し、海軍研究局、ベル・ヘリコプター社、ボーイング社、ロッキード・マーティン社、ノースロップ・グラマン社等が参加して、1996年から11年間、複合材のコスト低減（特に組み立てコスト）を、主な目的として実施された[1-30]。本プロジェクトでは二次接着技術が脱オートクレーブ製造技術

図1-22　CAIプロジェクト試作品（左図：F-35前部胴体模擬、右図：X-45Aキャリースルー部模擬） [1-31]

とともに精力的に検討された。

一般に接着剤は、せん断荷重（ズレ荷重）に対し高い強度をもつが、引き剥がす荷重や引張荷重に対する強度には劣る。そのため、CAIでは高いせん断強度を生かすべく、π継手（**図1-21**）と呼ばれる接着継手様式が提案され各種試作品に適用された。従来型の一体成形部品を上回る強度を有するだけでなく、組み立て時の冗長性向上、組み立て公差・欠陥に対する感受性の低減等に効果的とされる。試作された実大構造の一部を**図1-22**に示す。これらは静強度試験、疲労強度試験、耐弾試験等に供され、軍用機としての構造要求を満足していることが確認された。また組み立て時間はファスナ継手の機体構造と比べて50〜80%に低減し、20〜50%のコスト削減に相当するとのことである。

CAIで確立された構造技術の飛行実証を目的として開発された試験機がAdvanced Composite Cargo Aircraft（ACCAまたはX-55A）である[1-34]。本機は高翼双発エンジンの中型輸送機であるフェアチャイルド・ドルニエDo-328Jの金属製胴体（前部胴体を除く）と垂直尾翼を複合材に置き換えたものである。CAIで開発された低温・低圧で成形可能な材料、脱オートクレーブ成形技術、接着技術等が適用された。

ACCAの構造概要を**図1-23**に示す。長さ19.8mの中・後部胴体の上・下部外板は脱オートクレーブ技術により成形されたサンドイッチ構造であり、脱

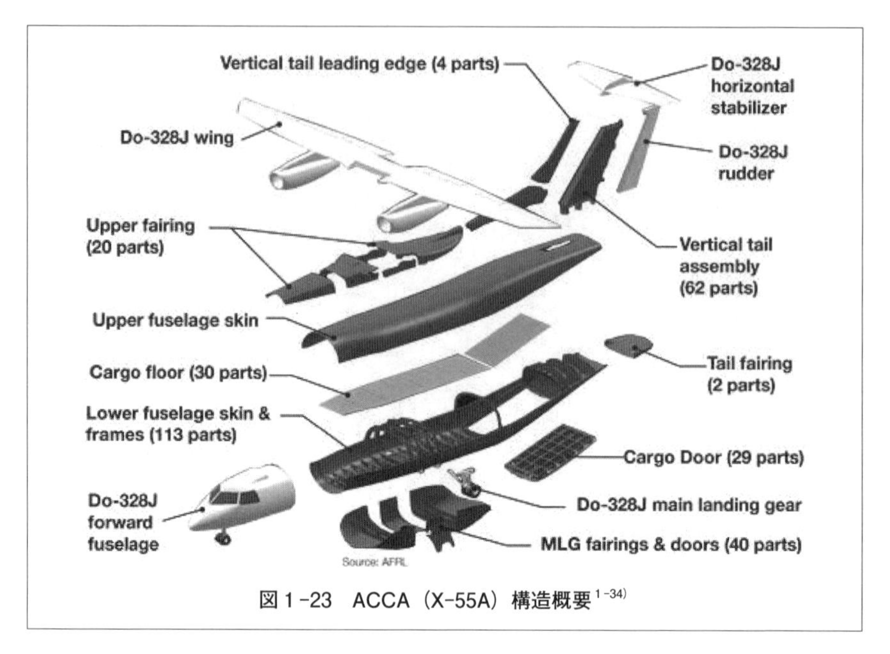

図1-23　ACCA（X-55A）構造概要[1-34]

オートクレーブ成形用CFRPプリプレグ製表皮とNOMEX™コアの構成が適用された[1-34]。他部品（フレーム、圧力隔壁等）も類似の材料と手法で個別に成形された。これらの部品はπ継手を用いて上部外板または下部外板に接着され、上部アセンブリおよび下部アセンブリとして組み立てられた。その後、上部アセンブリと下部アセンブリを接着フィルムによりダブル・ラップ・シア形態で接着し、脱オートクレーブ成形用CFRPプリプレグで覆った上で、オーブンにより加熱硬化された（**図1-24**）。

図1-24　ACCA（X-55A）組立状況[1-35]

本機はロッキード・マーティン社スカンクワークスにより短期間で設計（5ヵ月）、製造（20ヵ月）を完了し、2009年6月、初飛行に成功した。製造に関する成果としては部品点数およびファスナ本数の90％削減に成功したといわれる[1-36]。

（4）接着・ファスナレス構造の課題

現在の接着材は理想的な環境下では金属ファスナと同等以上の強度をすでに有しているが、接着・ファスナレス構造として一次構造の広い範囲に使用するには、いくつかの課題が解決される必要がある。

まず高い構造効率をもつ接着継手の開発が必要である。接着構造のメリットを生かすには引き剥がし荷重を抑制し、せん断で荷重を伝達することが望ましい。薄い構造であれば実現は比較的容易だが、継手部で荷重方向が変化したり周辺構造が厚くなると継手設計は複雑になる。

次に接着材単体の性能向上に加えて被接着部品の成形・加工技術が重要である。接着強度は被接着部材間のクリアランスの影響を受け易いため、成形時の硬化収縮等に対応した熱変形シミュレーション技術の向上や成形治具・プロセスの改良により硬化後残留変形の低減などを図り、被接着部品の形状精度を確保しなければならない。また接着面を化学的に活性化し接着に適した状態に仕上げ管理をするための表面処理技術と評価技術も不可欠である。

強度保証の観点では接着の信頼性と再現性の証明が鍵であり、数十年に及ぶ運用中に一次構造として安全に使用・管理できることを保証しなければならない。課題の一つは、接着品質が被接着物の表面処理と作業工程に完全に依存し、接着剤硬化後の結果を現在の標準的な非破壊検査では評価できないことにある[1-37)]。適切に設計・施工された接着継手は局所的欠陥に対して優れた損傷許容性を有するが、施工中に何らかの不具合が生ずるとkissing bondと呼ばれる接着力の著しい低下が接着界面に発生する恐れがある。物理的にははく離しておらず現状の技術では検知は困難である。また運用へ移行した後には、通常のCFRP構造と同様に外部からの異物衝撃等に対する損傷許容性が必要である。

そのため米連邦航空局では接着構造にはく離が生じることを前提とし設計制限荷重に対する残留強度の確保やクラック・アレスト機構の付与等を要求している[1-38)、1-39)]。同様に米軍のガイドラインでもはく離を仮定した残留強度を設定している[1-40)]。現時点での実際的な対応としては、材料や作業工程（表面処理、硬化過程等）の管理と品質保証を個別に積み上げ、最終製品の強度を保証する手法が考えられる。その上で製造時欠陥や運用中の異物損傷等への配慮を加え、機体構造としての強度を保証することになるだろう。ただし、長期的には接着材硬化後の最終製品や運用中の検査技術の開発が望まれる。

このように接着・ファスナレス構造について課題はあるものの、期待される効果は非常に大きく、今後の航空機構造の設計や製造のあり方を大きく変える可能性を秘めている。

2.2　衝撃吸収技術

（1）回転翼機における衝撃環境および研究事例

航空機では、常にある一定の確率で衝突や不時着等の事故が発生する可能性を抱えており、構造や艤装には安全上のさまざまな配慮が求められる。特に軍用回転翼機は敵から探知されることを避けるため、夜間の飛行や、ほふく飛行を行うことが多く、樹木や地面等への衝突事故によって乗員の生存性が脅かされている。乗員の生存性を低下させる主な要因は、フレームの大変形による人体との接触および許容範囲を超える衝撃荷重が人体に負荷されることにある[1-41]。そこで、フレームの変形を抑制するとともに、人体に加わる衝撃荷重を低減させるため（**図1-25**）、米軍では衝撃吸収脚によって落下に伴う運動エネルギーを吸収させる方式が採られている。米軍の軍用規格であるMIL-STD-1290A（AV）[1-42]では、剛面に対し12.8m/sの垂直落下衝撃に耐えることが規定されているが、これは衝撃吸収脚を使用した場合の要求である。この要求を満足する唯一の機体であるAH-64では、運動エネルギーの60％を衝撃吸収脚で吸収

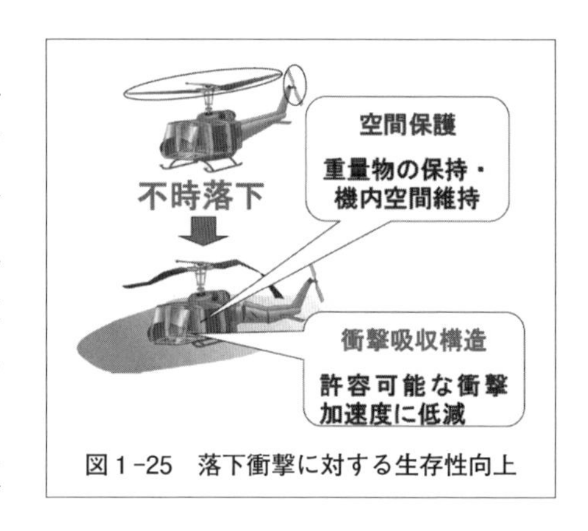

図1-25　落下衝撃に対する生存性向上

する[1-43]。しかし、今後開発されるヘリコプタにおいては、NH-90等のように空力抵抗削減等の利点が期待できる引込み式脚の採用が増えると予測されること、並びに水面や軟地面へ落下する場合、脚による衝撃吸収を期待できないことを考えると、衝撃吸収脚に依存しない耐衝撃性機体技術が必要と考えられる。

耐衝撃性構造の研究は、欧米を中心に盛んに研究され一部では実機への適用も進んでいる。前述のNH-90では沈下速度11.0m/sの要求を満足するために、胴体床下構造にエネルギー吸収要素として複合材製のサンドイッチ板を設置した模様である[1-44]。またNASAラングレー研究所では、平常時は機体下部に折りたたんだケブラー製ハニカム材を不時落下時に展開することによりクッションとして用いる技術を研究している[1-45]。

（2）耐衝撃性構造

前述の背景より航空装備研究所では耐衝撃性構造の研究試作を平成17～24年度に三菱重工業㈱を契約相手方として実施した[1-46), 1-47]。本研究試作の目的は、高い衝撃吸収能力を有する床下構造および十分な乗員空間を確保するための床上の保護殻構造を組み合わせた耐衝撃性構造の確立である。数値目標としては、MIL-STD-1290A（AV）の落下条件（12.8m/s）で床面に発生する鉛直方向加速度を51G未満〔MIL-S-58095A（AV）[1-48]〕に低減すること、および乗員空間の体積減少率を15%未満に抑えることに相当する。

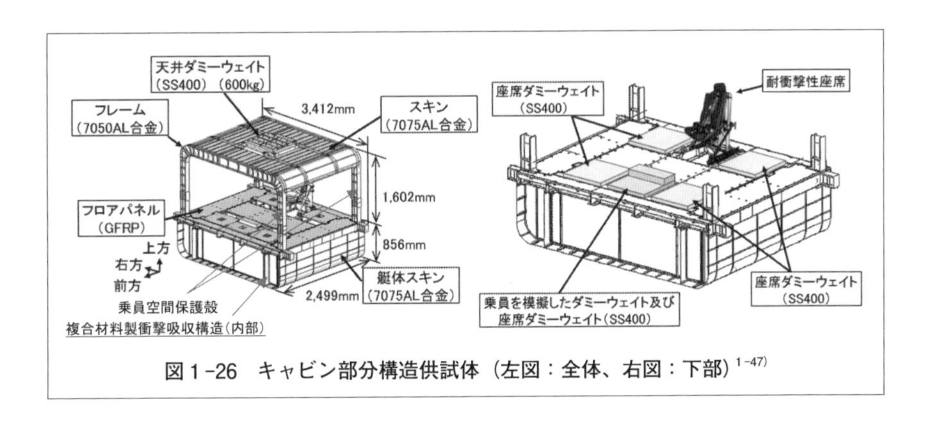

図1-26　キャビン部分構造供試体（左図：全体、右図：下部）[1-47]

本研究試作では、要素レベルから徐々に試験・解析を積み上げ、最終的に全機レベルの回転翼機キャビンの一部を模擬した供試体を試作し、落下試験により耐衝撃性構造の性能評価を行った。キャビン部分構造供試体の概要を**図１-26**に示す。本供試体は中型汎用回転翼機規模の機体を想定し、そのキャビン部分の一部を模擬したものである。床下構造に衝撃エネルギーを吸収するためのCFRP製衝撃吸収構造を有するとともに、乗員空間保護殻、MIL-S-58095A（AV）に適合した耐衝撃性座席（BAE製）１脚､座席ダミーウェイト５脚、乗員を模擬したダミーウェイト１名分等から構成される。また床面の座席取付位置および耐衝撃性座席の座面の加速度センサを設置するとともに、ダミー人形について加速度、荷重、モーメントを計測するための各種センサを取り付けた。

CFRP製衝撃吸収構造は角錐（Type A）または角柱（Type B）の形状を有するCFRPからなり、逐次破壊しながら衝撃エネルギーを吸収する。**図１-27**に模式図を示す。これらの先端部には衝突時の加速度

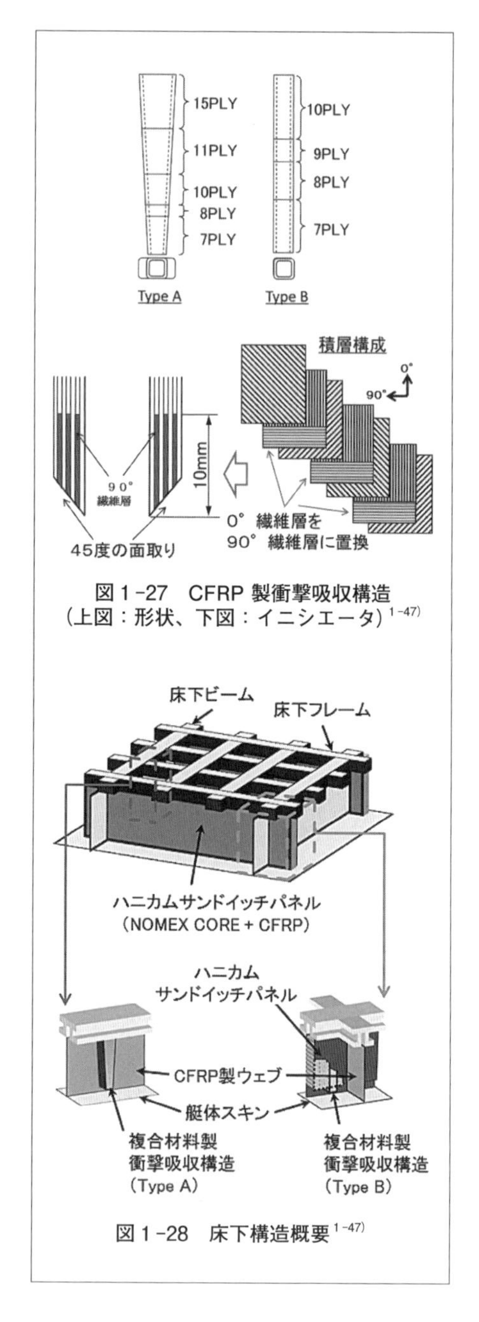

図１-27　CFRP 製衝撃吸収構造
(上図：形状、下図：イニシエータ) [1-47]

図１-28　床下構造概要 [1-47]

ピーク値を低減させるため、45°の面取りを行うとともに、0°層（衝突方向）を部分的に90°層に置換して剛性を意図的に下げる構造（イニシエータ）を採用した。

床下構造を**図１-28**に示す。床下構造は床下ビームとフレームの下部にサンドイッチパネルとCFRP製ウェブとを井桁に組む様式とし、CFRP製衝撃吸収構造が潰れる空間が確保されている。これらの部材は、ヘリコプタの運用時には飛行荷重に耐荷するものの、落下による衝撃を受けた際には複合材料製衝撃吸収構造の逐次破壊を妨げることなく潰れる構造とした。またCFRP製ウェブの近傍にはType Aを設置し、ハニカムサンドイッチパネル内にはType Bを設置した。

落下試験は突風等の外乱の影響を受けないように屋内でガイド・レール方式により実施した。試験の結果、供試体は計画どおり水平姿勢を保って地面へ衝突し、その後、保護殻変形→床下構造圧潰→座席沈下の順に事象が進行したことを高速度カメラで確認した。**図１-29**に試験後の供試体を示す。試験後の観察の結果、CFRP製衝撃吸収構造は逐次破壊しており、想定通りの破壊様式であった。

座席取付位置の衝撃加速度の平均値は48.0G（最大50.9G）であり、目標である51G以下の条件を満足した。また乗員空間保護殻について寸法減少率を高速ビデオカメラ画像の分析から算出した結果、高さ方向に最大３％の減少であり、目標値（15％以内）を満たしていた。その他、縦および横方向の減少率は０％であった。

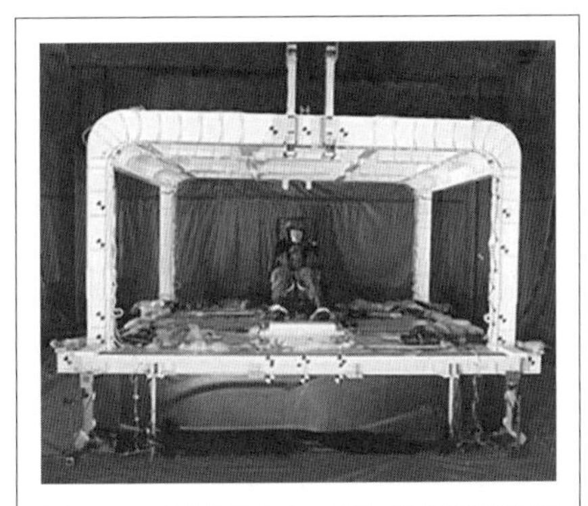

図１-29　試験後のキャビン部分構造供試体[1-47]

人体への影響に関する検証はJSSG-2010-7[1-49]に従って実施した。一例として人体の腰部に関しEIBAND曲線[1-50]を用いて評価した結果を**図１-30**に示す。本図は、腰部上方向加速度の時刻歴を2.5Gごとに累積時間を計算し、EIBAND曲線にプロットしたものである。加速度の時刻歴は、太枠で示す重傷の領域には入らず中傷にとどまると判定された。

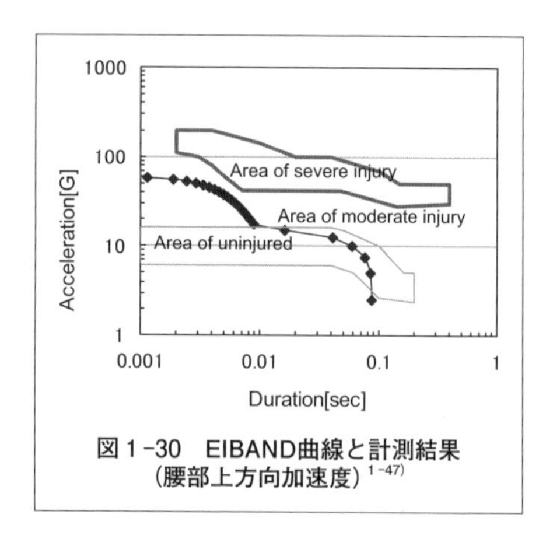

図1-30　EIBAND曲線と計測結果（腰部上方向加速度）[1-47]

本研究試作では、キャビン部分構造供試体について落下試験を行い、床下に衝撃吸収に優れたCFRPを用いた衝撃吸収構造により許容可能な衝撃加速度まで低減し、乗員空間保護殻により重量物の保持と機内空間を確保できることを確認した。これにより衝撃吸収脚を用いることなく、中型ヘリコプタ規模の実構造の胴体に適用可能な耐衝撃性構造技術の見通しを得た。

本節では、現在注目される構造技術のうち、わが国の強みである複合材技術を活用した接着・ファスナレス構造および耐衝撃性構造について諸外国や当研究所の研究例を交えて紹介した。接着・ファスナレス構造はファスナ継手削減による構造効率の向上と製造コストの低減を通じて、航空機構造の軽量化と取得性の改善が期待できる。また複合材の優れた衝撃エネルギー吸収特性を利用した耐衝撃性構造は、回転翼機などの不時落下時の安全性向上に有効な技術である。今後とも航空機構造の安全性を確保しつつ、軽量化を進めるための研究・開発を進め、運用者の期待に応えたいと考える。

3. 操縦システム電動化技術

航空機では操縦舵面の駆動や降着装置の揚降等、さまざまな用途にアクチュエータが利用されており、これらのアクチュエータは電気、油圧等を動力源としている。中でも油圧アクチュエータは大きな力が得られ、かつ制御が容易であることから、現在では操縦舵面の駆動を含む広い範囲に適用されている。

そもそも油圧系統は、エンジン等の動力から取り出した機械的な力で油圧ポンプを作動させ、加圧した作動油を機体各部に油圧配管を通じて供給し、油圧アクチュエータによって再び機械的な力に変換する力の伝達機構である。装置重量の割に大きな力と動力が得られ制御がしやすいことに加えて、応答速度が速い、運動速度の制御範囲が広い等といった長所を有している。その反面、油圧配管の接続部で作動油が漏れやすく頻繁に目視点検等を行う必要があるため整備に手間がかかる、作動油が大量に漏れると、その系統全体の機能が損なわれる可能性がある等の短所も有している。

これに対し、電気を動力源とした電動モーターによってアクチュエータを駆動するのが電動アクチュエータである。電動アクチュエータは機体内の長大な油圧配管を必要とせず、通常の点検作業に際しては電気信号での健全性確認が可能であることに加え、アクチュエータ自身の整備のために取り下ろし／取り付けを行う際も電気配線の切離し／接続のみで可能となるため、油圧アクチュエータに比べて整備性が大幅に改善される。また何らかの理由により電気配線が断裂した場合にも、油圧配管の損傷（とそれによる作動油の漏れ）とは異なり、その系統全体の機能を損なうことはなく、断裂箇所の下流に影響が限定されることも被弾等による損傷の可能性のある軍用機にとって生存性の観点から重要な特長といえる。

このような電動アクチュエータを用いて操縦系統を電動化したものが電気駆動（PBW：Power By Wire）である（**図 1 -31**）。航空機のPBW化に関する研究はかなり古くから行われてきたが、有人機の主操縦舵面（エルロン、エレベー

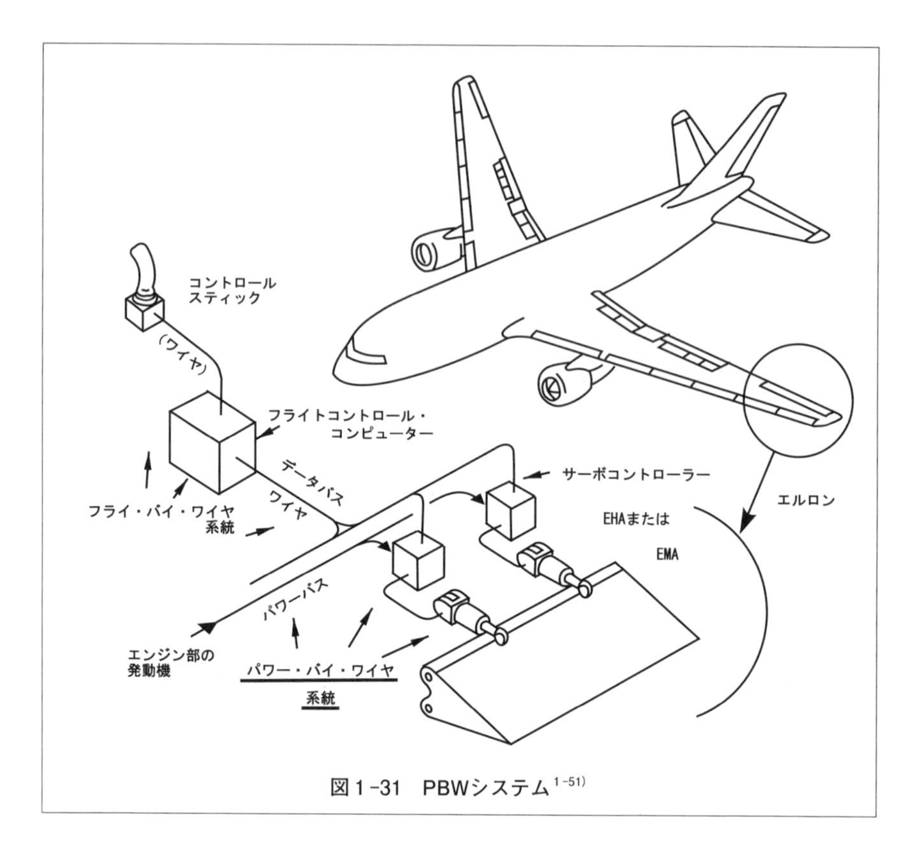

図1-31 PBWシステム[1-51)]

タ、ラダー等）への適用はようやく緒についたところであり、各国で盛んに研究が続けられている状況にある。さらに電動化の範囲を拡大して、現在の航空機のエンジンを除く他の動力源をすべて電気に一元化するのが全電気式航空機（AEA：All Electric Aircraft）の概念である。AEAはこれまで電気、油圧および空気圧（抽気）の各形で利用してきたエンジンの発生エネルギーを電気に統一して管理することで、より効率的なエネルギー利用が可能になると期待できることから、特に民間機分野での注目度が高い。

本節では航空機のPBW化、ひいてはAEAの実現に不可欠な技術である電動アクチュエーション技術の状況について紹介する。

3.1　電動アクチュエーションシステムの研究事例

電動アクチュエータは電動アクチュエーションシステムを構成する中心的存在であり、従来の油圧アクチュエータと同等以上の出力、作動特性等を有するとともに、狭い機体内に搭載し性能を発揮するための小型・軽量化が求められる。

かつての電動アクチュエータはトリムアクチュエータや高揚力システム等に適用された例が見られるものの、低出力のアクチュエータや複雑な制御を必要としない箇所が中心であり、大出力かつ複雑な制御が必要な主操縦舵面への適用は技術的に困難であった。しかし近年、高性能磁石やパワーエレクトロニクス等の技術の進歩により、モーターやモーター制御回路の高性能化が進んだことで主操縦舵面に電動アクチュエータを適用する研究が加速している。

米国では1990年代からEPAD（Electrically Powered Actuation Design）プログラム[1-52]やJ/IST（Joint strike fighter / Integrated Subsystem Technology）プログラムによる電動アクチュエーションシステムの実証研究が相次いで実施された。

EPADプログラムではアメリカ航空宇宙局（NASA：National Aeronautics and Space Administration）が所有するF/A-18システム研究機の左エルロン・アクチュエータを電動油圧アクチュエータ（EHA：Electro Hydrostatic Actuator）または電動機械アクチュエータ（EMA：Electro Mechanical Actuator）に換装して飛行試験を実施した（図1-32）。

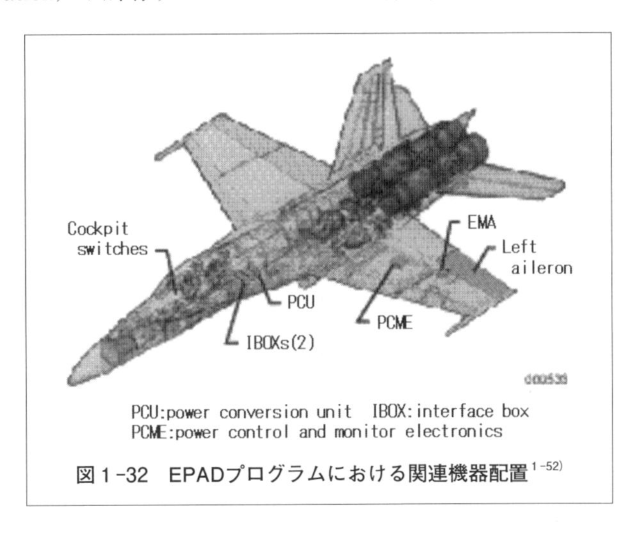

図1-32　EPADプログラムにおける関連機器配置[1-52]

EHAとは電動モーターにより油圧ポンプを駆動することで発生する油圧を用いて油圧シリンダを作動させる方式である。EHAの構成例を**図1-33**に示す。電動モーターの回転数を制御することにより吐出流量を変化させアクチュエータを制御する。電動モーターおよび油圧ポンプは油圧シリンダと一体化されている構成が一般的であるため油圧回路はアクチュエータ内部で完結し、機体の油圧系統を利用する従来の油圧アクチュエータとは区別される。内部に油圧シリンダを有していることから、従来の油圧アクチュエータと同様、故障時にはダンピングモードに移行できるという利点がある。

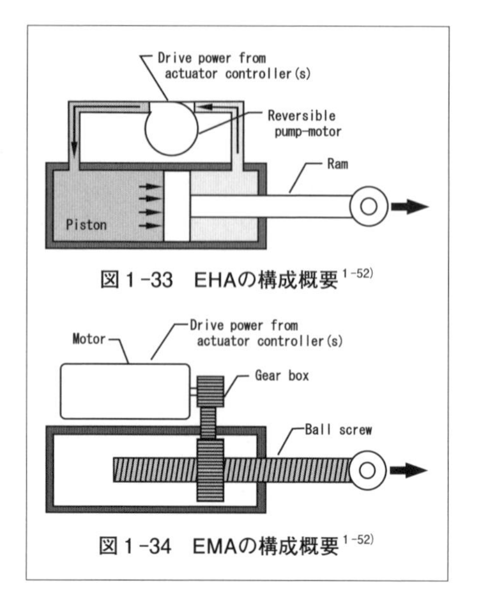

図1-33　EHAの構成概要[1-52]

図1-34　EMAの構成概要[1-52]

また他方、EMAは油圧を一切使用せず、電動モーターで直接メカニカル・アクチュエータを駆動する方式である。EMAの構成例を**図1-34**に示す。一般的には減速機構を介して電動モーターの駆動力をボールスクリュー等に伝達する形式が多い。構成がシンプルであり重量面で優位性があるものの、減速機構部のギアが固着（ジャミング）する危険性があるため、それを回避するために減速機構を排除したダイレクト・ドライブ形式のEMAも検討されている。EHAおよびEMAは、いずれもモーターの高出力化およびパワーエレクトロニクスの進歩により複雑な回転数制御が可能となったことにより実用化されたもので、その後の電動アクチュエータ方式の主流となっている。

またJ/ISTプログラムではAFTI（Advanced Fighter Technology Integration）F-16実験機を改修し、主操縦舵面をすべてEHAで駆動して2000年に飛行試験を実施している。なお消費電力が増大したことに伴って効率的な配電を行うため、従来115V交流や28V直流が主流であった電源電圧の高電圧化が図られ、270V直流が採用された。これらの成果は現在開発中のF-35に活かされた模様である。

欧州ではシステムレベルの電動化研究を進めた結果、安全性、コスト、信頼性、整備性、パワーマネジメント、燃料消費等の全機レベルでの成立性を考慮した検討の必要性から、2002年よりPOA（Power Optimized Aircraft）プロジェクト[1-53]が開始された。本プロジェクトでは全機レベルの目標として、非推進用動力の25％削減や５％の燃費向上を掲げ、多数の航空機関連企業が参画した。本プロジェクト終了後、引き続き機体各種システムの電動化をより具体的に発展させるMOET（More Open Electrical Technologies）プロジェクトを開始し、全機レベルでの目標達成に向けた各種試験・評価が行われた。現在はClean Skyプロジェクトが進行中で、2020年に燃料消費量2000年比50％削減等の目標を設定し、コンセプト機の設計や技術開発が進められている。また装備品メーカーのSagem社がSMART WINGプロジェクトと称してエアバスA320のエルロン・アクチュエータをEMAに改修した研究機による飛行試験を実施している。

わが国においても航空機のPBW化に関しては関心が高く、研究が続けられている。

防衛省技術研究本部航空装備研究所においては2000年頃から航空機のPBW化を図る研究が実施されてきた。EHA用のポンプや電動モーターといった各要素に関する検討や技術データの取得等[1-54]を順次実施し、2006年度には戦闘機の舵面駆動用油圧アクチュエータ相当の出力、応答性能を目標としたEHA（**図1-35**）、EMA（**図1-36**）の各供試体を製作した。これらを用いた試験・評価によって各電動アクチュエータの技術データを取得し、アクチュエータ単体として当初設定した目標を満足することを確認するとともに、小型軽量化や発熱に関しても機体搭載が可能なレベルを達成できる見通しが得られた。引き続き電動ブレーキや高電圧電源システム[1-55]の要素技術に関する検討と併せて電動アクチュエータの電磁適合性に関する技術データの取得等を実施しており、全機システムとしての電動化に向けた検討を続けている。

図1-35　EHA供試体

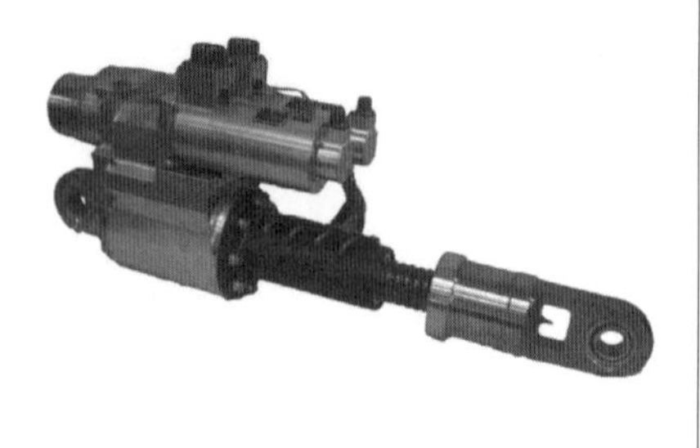

図1-36　EMA供試体

また(財)日本航空機開発協会（JADC：Japan Aircraft Development Corporation）では、2004～2007年に経済産業省からの委託事業として航空機用先進システム基盤技術開発(1)高効率化システム[1-56]を実施した。本プログラムは、航空機のエネルギー効率を高めることを主眼とした電動化の研究であり、主操縦舵面用の電動アクチュエータの他にも、脚システムの全電気化への対応や電源系統の高電圧化に対応した制御システム等、民間機システムの全電気化へ向けた各要素技術について、各々の分野に重要な知見、経験を有する企業の協力を得て各構成要素の試作・評価が実施された。なお本プログラムで試作されたEMAは先に挙げたジャミングの課題を克服するため、出力軸の切離し機構を内蔵させるといった工夫も見られた。試験・評価の結果は良好で、各システムが実現可能な見込みが得られている。

3.2　適用事例

一部ではあるが、すでに電動アクチュエータを適用した機体が現れている。

エアバスA380は電動アクチュエータを採用した最初の旅客機である。その操縦系統は基本的に従来どおりの油圧アクチュエーションシステムを採用しているが、舵面アクチュエータの一部にEHAが採用されている[1-57]。また通常状態では機体油圧系統からの油圧により油圧アクチュエータとして作動し、油圧喪失時には電源系統からの電力により内蔵の電動モーターおよび油圧ポンプでEHAとして作動するEBHA（Electrical Back-up Hydraulic Actuator）も一部に採用されている。A380の舵面アクチュエータの構成を**図１-37**に、EBHAの構成概要を**図１-38**に示す。

従来、エアバス機は舵面アクチュエータの動力源として３重の油圧系統が適用されていたが、A380では油圧系統を２系統（図７中のＧおよびＹ）として、油圧１系統分の冗長度低下をEHAやEBHAといった電気を動力源とするアク

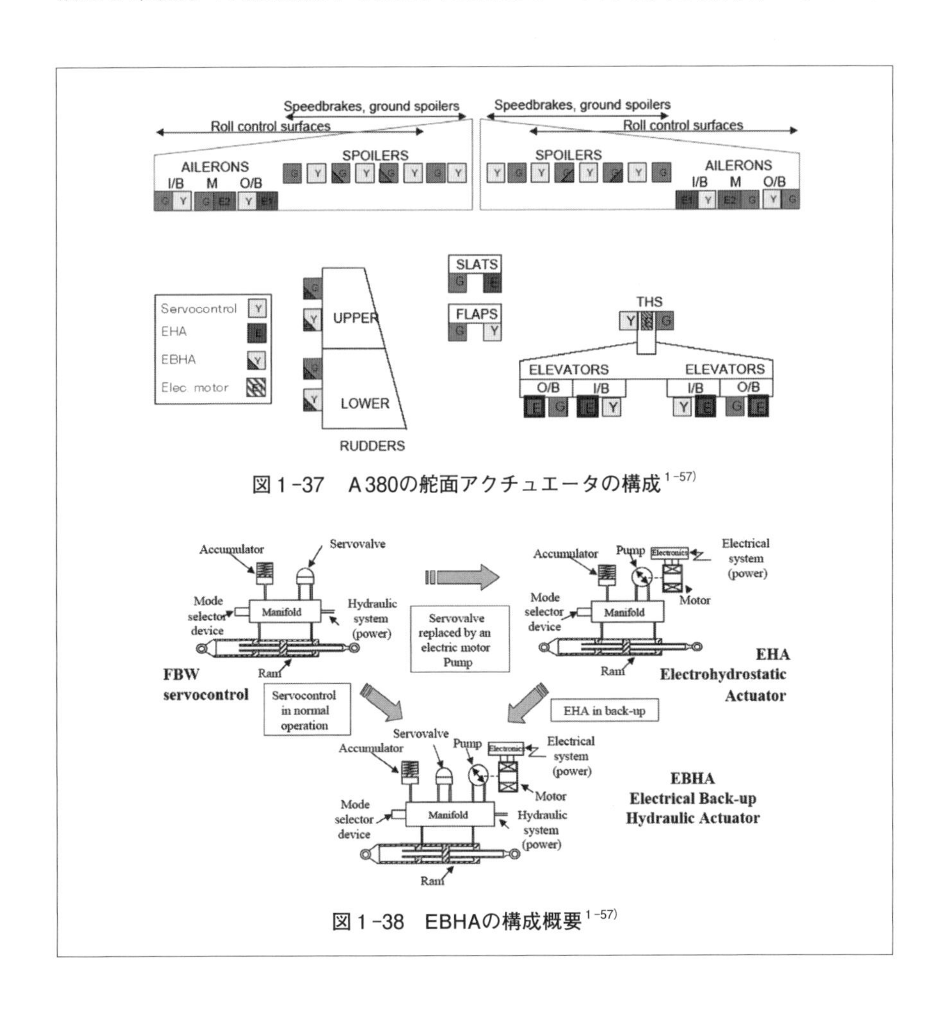

図１-37　A380の舵面アクチュエータの構成[1-57)]

図１-38　EBHAの構成概要[1-57)]

チュエータで賄うことで従来機と同等の信頼性を確保している。ただし、アクティブ･スタンバイ方式の舵面のアクティブ･アクチュエータには油圧アクチュエータまたはEBHAが採用されていることから通常状態ではすべて油圧動力を使用している。

ボーイング787においてはスポイラの一部およびスタビライザにEMAが採用されているものの、主舵面アクチュエータには油圧アクチュエータが採用されている[1-58]。787においては操縦系統の電動化としてはA380ほど広範囲ではないが、ブレーキのピストン部をEMA化した電動ブレーキの採用や、これまでエンジン抽気を動力源としていたキャビンの空調システムや翼の防除氷系統を電気式に置き換えており、かなりの電動化が進んでいる。

またF-35はまだ開発中ではあるが、主操縦舵面のすべてのアクチュエータ

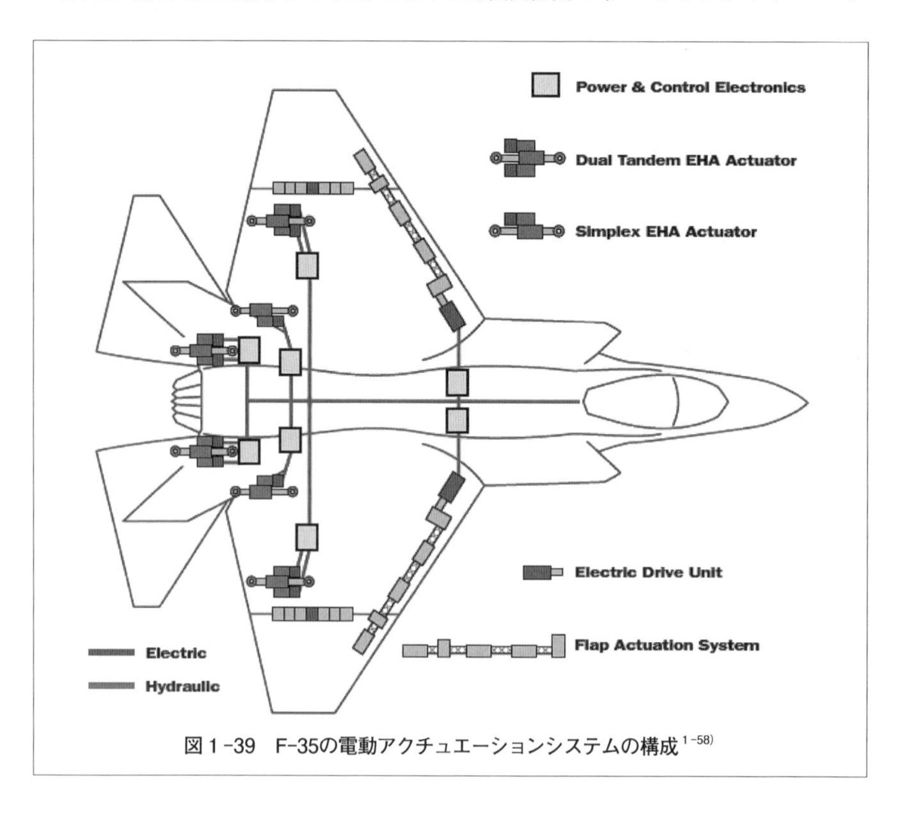

図1-39　F-35の電動アクチュエーションシステムの構成[1-58]

にEHAを採用している（**図 1 -39**）。フラッペロンおよびスタビレータ用には、それぞれ電動モーターと油圧ポンプを２重化したEHAを採用することで冗長性を確保している。

航空機の電動化に不可欠な電動アクチュエーション技術について紹介した。電動アクチュエーションシステムは油圧アクチュエーションシステムに比べて整備性の向上やエネルギー効率の向上等が期待できるが、主操縦舵面への電動アクチュエータの適用がようやく始まったところである。AEAの実現に向けた研究開発は現在も各国で盛んに続けられており、将来の航空機を構成する技術としての重要性は一層増しているものと考えられる。

航空装備研究所においても、これまで実施してきた要素研究の成果を統合し、システムとしての技術課題を解明するべく電動アクチュエーションシステムの試作・評価を計画している。

4．ステルス化技術（ウェポン内蔵技術）

将来の戦闘機が保有すべき能力の一つに高いステルス性が挙げられる。これを実現するためには、ミサイル等の各種搭載物を機体胴体内に搭載するウェポン内装化が有効性の高い手段の一つと考えられる。しかし、遷音速および超音速で飛行している時にウェポンベイから搭載物を分離する場合には、ウェポンベイ周りは衝撃波等を伴う複雑な流れ場であるため、ウェポン内装化実現には、その空力現象を把握する必要がある[1-59]。

4.1　ウェポンベイ周りの空力現象

ウェポンベイ周りの流れ場について説明する。**図1-40**は、ウェポン内装機と超音速で飛行している時のウェポンベイ周りの流れ場の模式図である。超音速流れが機体表面に沿って凸に曲げられると膨張波が、凹に曲げられると衝撃波が発生する。また外部の高速の流れとウェポンベイ内の速度がほとんどない部分の境界で速度差をもった層を「せん断層」と呼ぶ。このような空力現象を伴った複雑なものになっているため、分離時に搭載物の挙動に流れ場との干渉による変化が生じ、母機と接触するような危険な状況を生じる可能性がある。つまり、ウェポン内装機で搭載物を安全に分離するには、この複雑な空力現象を把握することが重要となる。

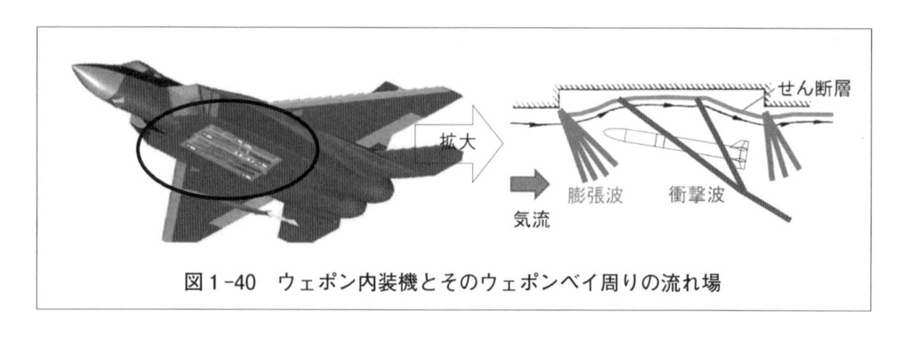

図1-40　ウェポン内装機とそのウェポンベイ周りの流れ場

そこで空力現象を把握するためのアプローチとして、ウェポンベイの構成要素に着目した。**図1-41**はウェポンベイの構成要素を示したものである。構成要素としてはキャビティ（ウェポンベイ本体）、扉、（誘導弾等の）搭載物等があるが、最も影響が大きいのはキャビティなので、その影響を最初に把握することが必要である。

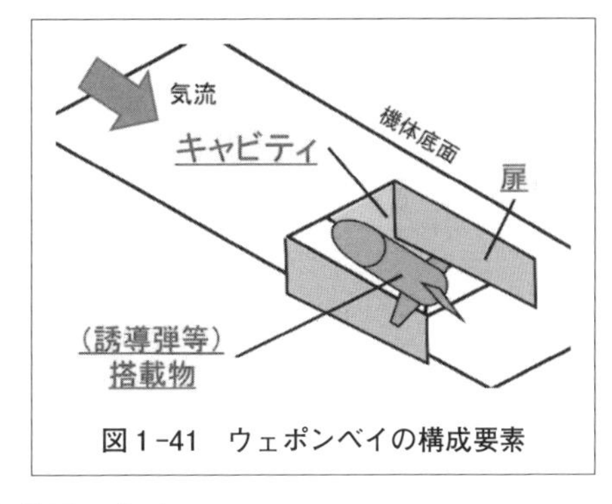

図1-41　ウェポンベイの構成要素

ウェポンベイ周りの流れ場に対して最も支配的と考えられるキャビティ形状の影響を把握するため、キャビティの長さ、幅、深さをパラメータとして、風洞試験および数値解析（CFD：Computational Fluid Dynamics）の両面からアプローチをした。風洞試験での模型取付作業のしやすさを考慮して、**図1-42**のように上下逆さまにした。

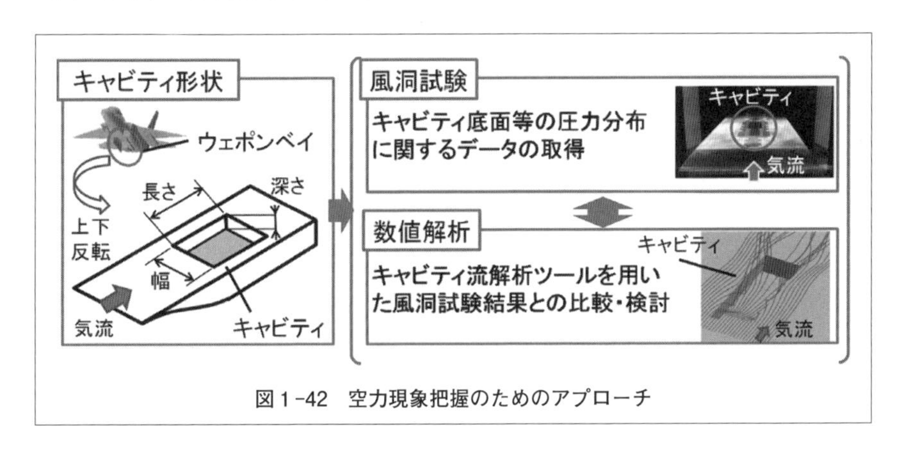

図1-42　空力現象把握のためのアプローチ

4.2　キャビティ周りの流れ場の分類

キャビティ周りの流れ場は、大きく分けて、以下の三つのタイプに分類される[1-60]。それぞれのタイプの特徴が、次の式で表されるキャビティ底面（図1

-42の網かけ部）の圧力係数（Cp）分布に表れるので、合わせて説明する。

$$C_P = \frac{p - p_\infty}{q_\infty}$$

p：局所圧力　　p_∞：一様流静圧

q_∞：一様流動圧

（1）Openタイプ

図 1 -43に示すような、流れがキャビティにほとんど入り込まないタイプ。底面の圧力係数分布は、前方から後方までほぼ一定の分布を示す。流れに非定常性があり、せん断層の形が変化する場合は、弱い膨張波と弱い衝撃波の位置が変わることもある。

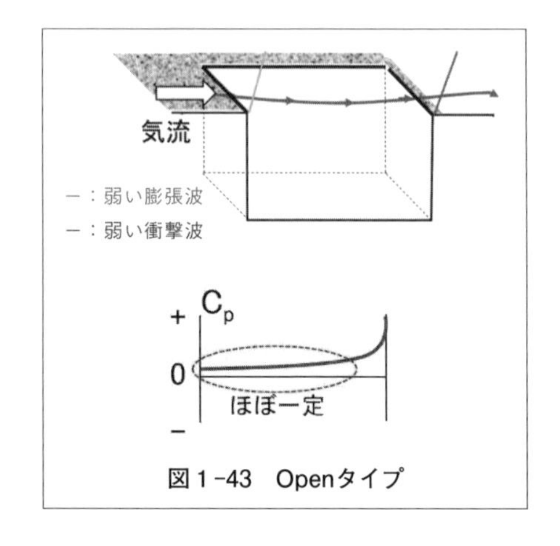

図 1 -43　Openタイプ

（2）Transitionalタイプ

図 1 -44に示すような、Openタイプと次に示すClosedタイプとの中間で、流れがキャビティに入り込むが、底面には付着しないタイプ。底面に付着しない（底面に沿って流れていない）ので、合計 3 回流れの向きが変わる。キャビティに入り込んだ気流は凹に曲げられ、 1 個の衝撃波が生じる。底面の圧力係数分布は、膨張波の影響で流れが加速され底面の圧力が下がるため、前方に負の部分

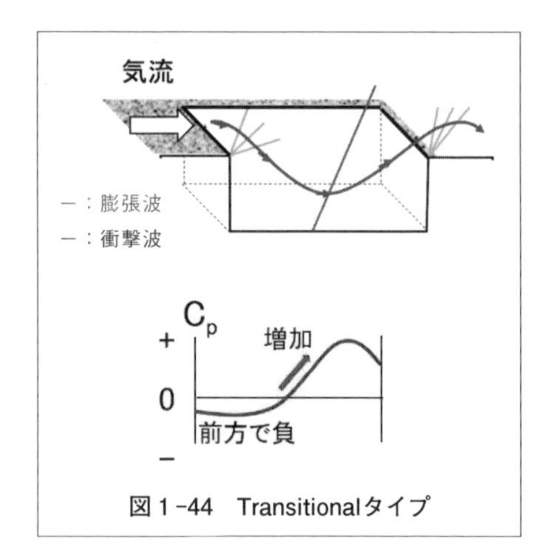

図 1 -44　Transitionalタイプ

があり、その後、下流に向けて衝撃波の影響で流れが圧縮され圧力が上がるため、増加していく。

（3）Closedタイプ

図1-45に示すような、流れがキャビティの中に入り込み、底面に付着するタイプ。底面に付着する（底面に沿って流れる）前後で2回凹に曲がるため、二つの衝撃波が生じる。底面に付着するので、合計4回流れの向きが変わる。発生した二つの衝撃波は、キャビティ外部で干渉して一つになる。底面の圧力係数分布は、Transitionalタイプと同様に前方に負の部分が有り、下流に向けて増加していくが、流れが底面に付着している区間では、ほぼ定常的なため、圧力係数が一定になる。

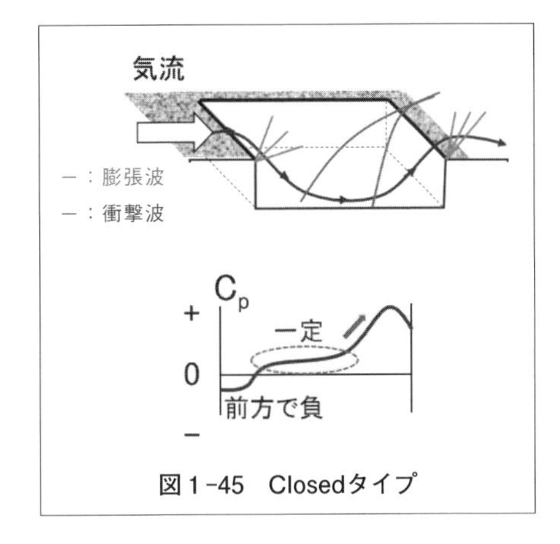

図1-45　Closedタイプ

4.3　キャビティ形状の選択

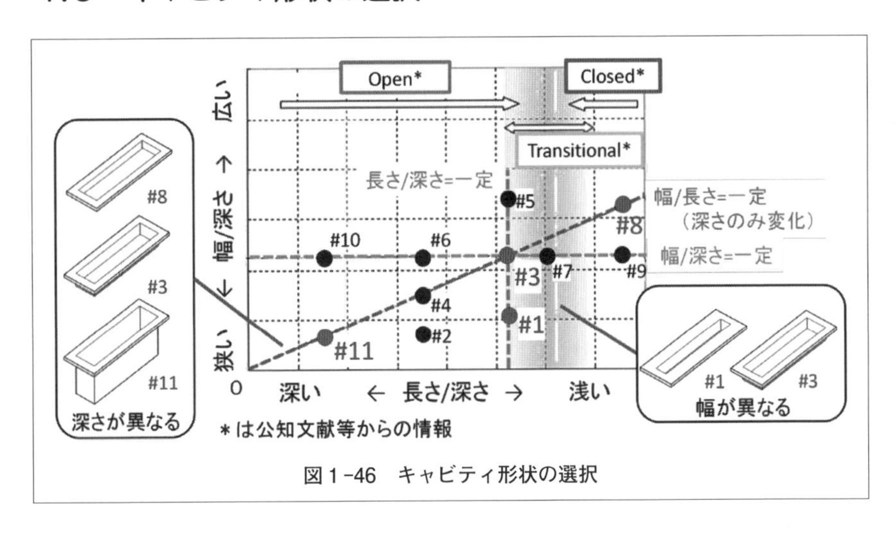

図1-46　キャビティ形状の選択

キャビティの幅、長さ、深さをパラメータとして、**図１-46**に示すような11種類のキャビティ形状候補を設定した。公知文献[1-61]等の情報を基に、流れ場の特徴（Open, Transitional, Closedタイプ）が捉えられるように、11種類の候補の中から風洞試験を行うキャビティ形状４種類(図１-46で番号は＃１、＃３、＃８、＃11）を選択した。

4.4　風洞試験

風洞試験は、防衛省技術研究本部札幌試験場にある三音速風洞装置[1-62]で行われた。試験条件等は、**図１-47**のとおりであり、レイノルズ数はマッハ数によらず一定としている。

図１-48に、マッハ1.4での試験結果を示す。上は密度変化を可視化したシュリーレン画像（注:キャビティ内は、可視化されない）であり、下はキャビティ底面の圧力係数分布図である。

キャビティが浅くなるに従って、流れ場タイプが、Open → Transitional → Closed へと変化していることが分かる。また２.２項で説明したとおり、それぞれのタイプの特徴が、シュリーレン画像および圧力係数分布に表れている。

実施場所	技術研究本部札幌試験場 三音速風洞
マッハ数	0.3, 0.85, 1.4, 2.0, 2.5　等
レイノルズ数	13×10^6 (キャビティ長基準)
取得データ	定常圧力分布 非定常圧力分布 シュリーレン画像　等

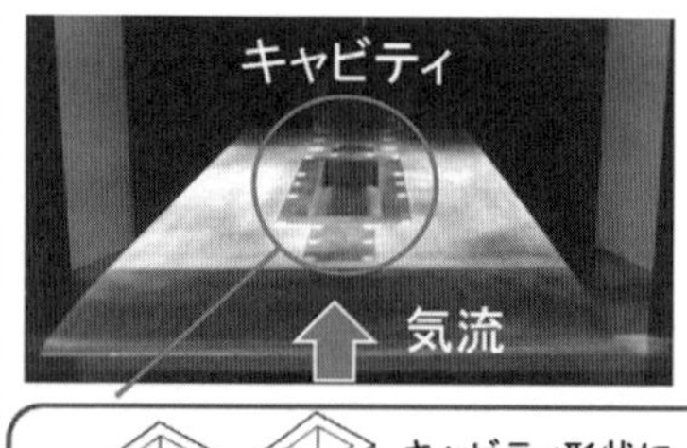

図１-47　風洞試験概要および試験条件

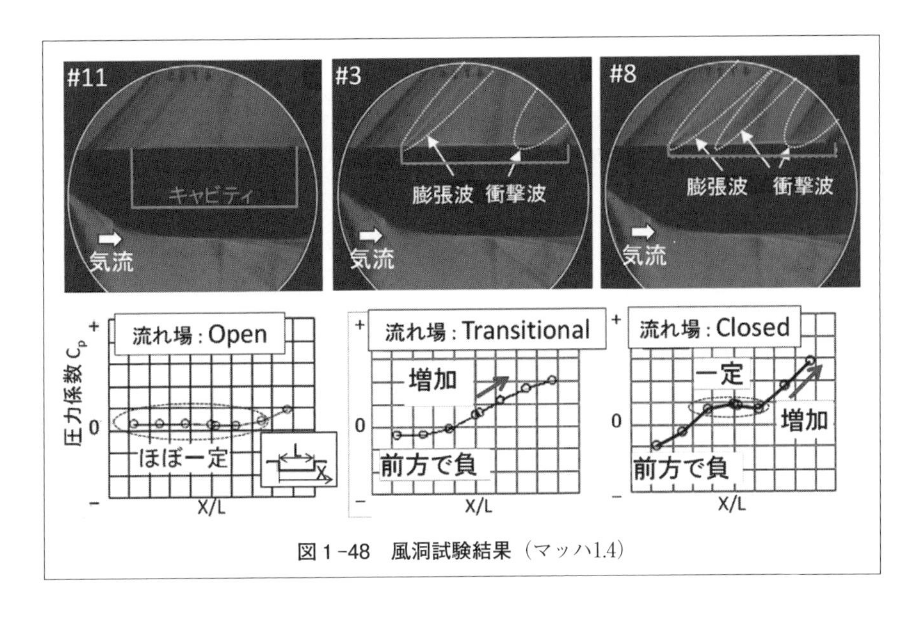

図１-48　風洞試験結果（マッハ1.4）

4.5　数値解析（CFD）

次に風洞試験供試体と同じ形状（模型本体およびキャビティ形状）で数値解析（CFD）を実施した。試験条件は**図１-49**のとおりであり、レイノルズ数も風洞試験と同じである。

図１-50に、マッハ1.4での数値解析結果を示す。上はマッハ数分布であり、

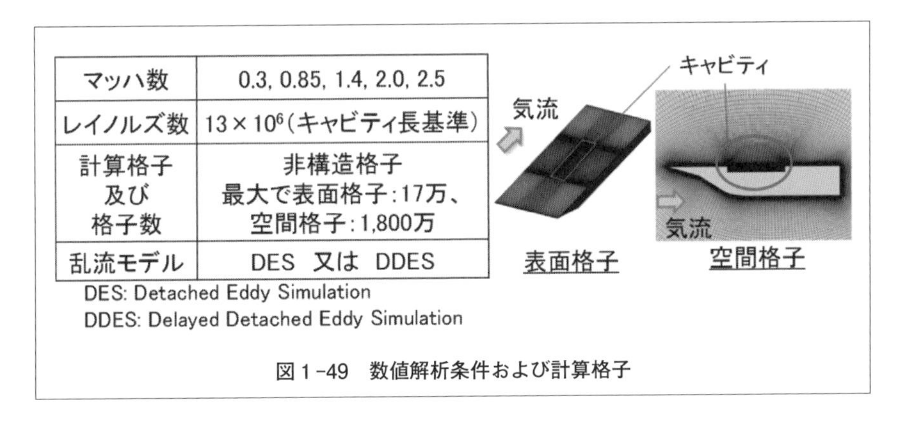

マッハ数	0.3, 0.85, 1.4, 2.0, 2.5
レイノルズ数	13×10^6（キャビティ長基準）
計算格子及び格子数	非構造格子 最大で表面格子：17万、 空間格子：1,800万
乱流モデル	DES　又は　DDES

DES: Detached Eddy Simulation
DDES: Delayed Detached Eddy Simulation

図１-49　数値解析条件および計算格子

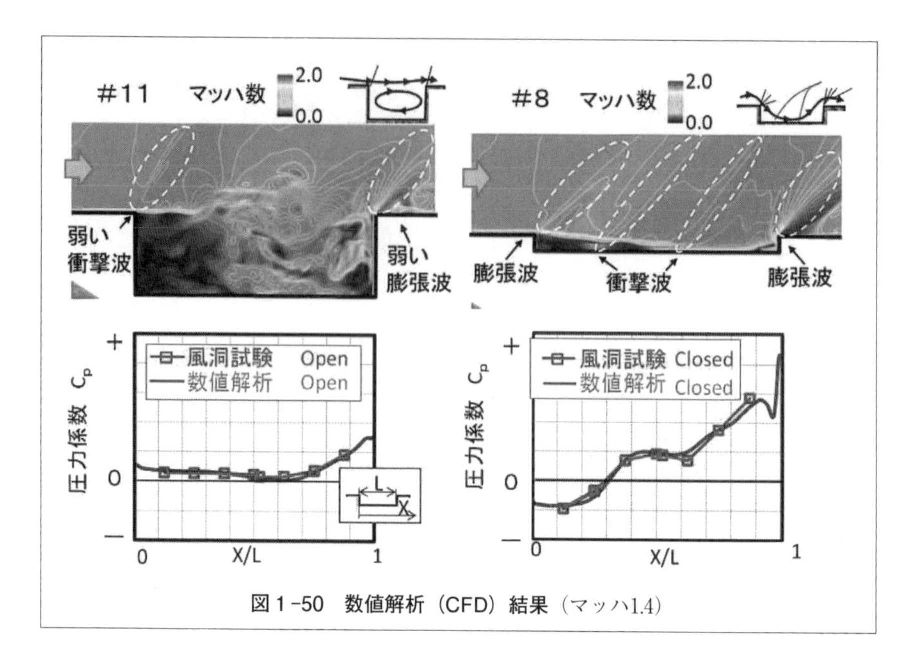

図1-50　数値解析（CFD）結果（マッハ1.4）

下はキャビティ底面の圧力係数分布である。風洞試験と同様の圧力係数分布が得られており、流れ場タイプも一致した。Openタイプでは、キャビティ内およびせん断層は大きな非定常性を伴っており、流れが波打って周期的に渦が放出される様子およびキャビティ内で循環する流れが現れることが確認できた。

風洞試験および数値解析を実施し、ウェポンベイ周りの流れ場において最も支配的と考えられるキャビティの影響について把握した。この成果を基に、扉や搭載物等も対象とするキャビティ流解析ツールの拡張・整備を行い、現在、その性能確認試験を実施中である。

これらの結果を将来の内装ウェポンベイをもった航空機などの研究開発に活用できるよう、より実機に近い形状での搭載物の分離に関する研究が航空装備研究所で実施中である。

第2章

航空エンジンシステム

1．エンジンシステム技術

第二次世界大戦末期にわずかにジェットエンジンを航空機に使用した例（橘花に搭載されたわが国初のジェットエンジンであるネ20）は見られるが、それまでの航空機はレシプロエンジン（零戦に搭載された栄エンジンに見られる多気筒の星形シリンダーによるピストンエンジン）により、プロペラを回転させることによって推進力を得る方式が主流であった。

プロペラはその先端速度が音速に達すると衝撃波が発生してプロペラの効率が低下する性質があるため、飛行速度の高速化には限界があった。そのため、航空機のさらなる高速化にはプロペラによらず、エンジンからの排気によって推力を得るジェットエンジンの使用が不可欠なものとなっている。

本節ではジェットエンジンについて、作動の原理、防衛省における開発について実例を用いて解説する。

1.1　エンジン作動の原理

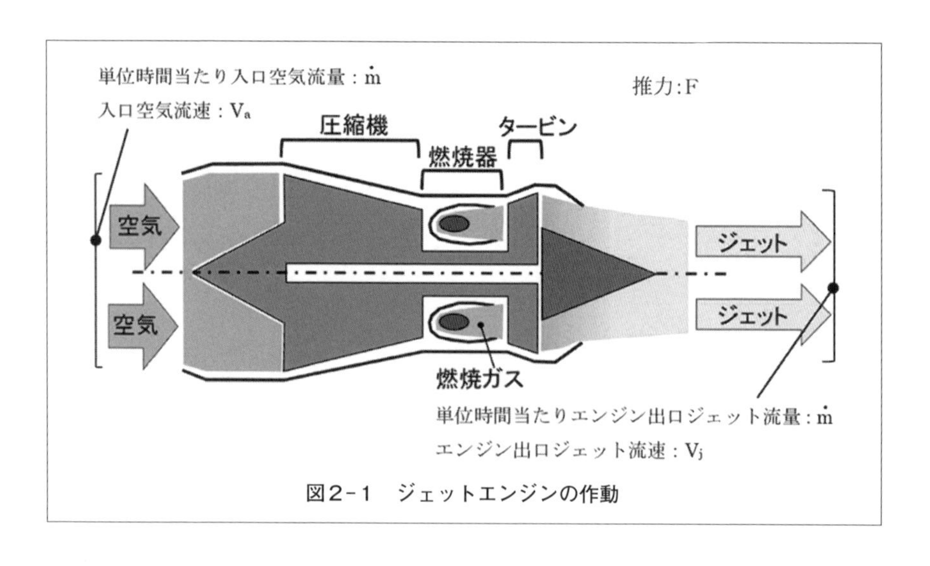

図2-1　ジェットエンジンの作動

ジェットエンジンを航空機用エンジンとして用いる利点は、前項のプロペラによらない推進であることに加え、レシプロエンジンのシリンダーでの間欠的な燃焼とは異なり、燃焼器において連続的に燃焼することによって、単位時間あたりにより大量の空気に燃焼による熱エネルギーを与えることができることがあげられる。ジェットエンジンの基本的な原理を**図2-1**に示す。

図中に示すとおり、空気取入口から空気を吸込み、圧縮機で空気を高圧に圧縮する。高圧となった空気は燃焼器において燃料と混合し、燃焼され、高温・高圧の燃焼ガスとなる。この燃焼ガスはタービンを通過し、タービンを回転させた後、排気ノズルから高速のジェットとして噴出される。この高速のジェットにより発生する力をエンジンが機体を押す力（推力）として利用するものがジェットエンジンである。以下に図中の記号を用いてジェットエンジンにおける推力などの基本的な性能指標について説明する。

エンジンは航空機の機体に搭載され、飛行する。そこで機体の速度（エンジンが吸込む空気の流速）をV_a、ジェットの流速をV_j、エンジンが吸込む単位時間あたりの空気流量を$\dot{m}$とし、燃料の流量とエンジン前後の圧力差による力を無視すると、エンジンが発生する推力は、

$$F = \dot{m}V_j - \dot{m}V_a \quad \cdots\cdots (1)$$

で表される。従って、ジェット流の流速と機体の速度の差が大きいほど、もしくは空気流量が多いほど推力は大きくなることが分かる。

一方、吸込んだ空気にエンジンが与える運動エネルギーは、

$$[\dot{m}(V_j^2 - V_a^2)]/2$$

であり、これを書き直すと、

$$\dot{m}[V_a(V_j - V_a) + (V_j - V_a)^2/2] \quad \cdots\cdots (2)$$

となる。またエンジンが機体になす仕事は、$F \times V_a$である。吸込んだ空気にエンジンが与える運動エネルギーに対し、エンジンが機体になす仕事の比は推進

効率η_pと定義され、

$$\eta_p = F \times V_a /(2)式$$

となる。これを整理すると、

$$\eta_p = 2/[1+(V_j/V_a)] \quad \cdots\cdots (3)$$

となる。(1)より、$V_a=0$(機体が静止しているとき)の場合に推力Fは最大となり、(3)より、$V_j=V_a$の場合に推進効率η_pは1となることが分かる。

エンジン性能を表す指標として、燃料消費率SFC(Specific Fuel Consumption)があり、

$$SFC = 燃料流量(W_f)/推力(F)$$

で表される。燃料消費率を良くする(低減する)ためには、ある推力をなるべく少ない燃料流量で発生させることが必要となる。ここで、燃料の発熱量をhとすると、エネルギー保存の式は、

$$W_f \times h = \dot{m} V_j^2/2 - \dot{m} V_a^2/2$$

となる。上式と推力の式(1)を用いて燃料消費率を求めると、

$$SFC = (V_j + V_a)/(2h) \quad \cdots\cdots (4)$$

で表される。(4)式から、燃料消費率SFCは燃料の発熱量が大きい場合、もしくはエンジンの吸込み流速および噴流の流速が小さい場合に低減されることが分かる。

(3)式と(4)式の性質より、推進効率と燃料消費率の良いエンジンを考えてゆくと、エンジンからのジェットはなるべく大きな流量を低速で噴出させることが望ましい。

このような考え方で構成されたエンジンは高バイパス比ターボファンエンジンと呼ばれ、高圧タービン軸の内側に、より低い回転速度で回る低圧タービン

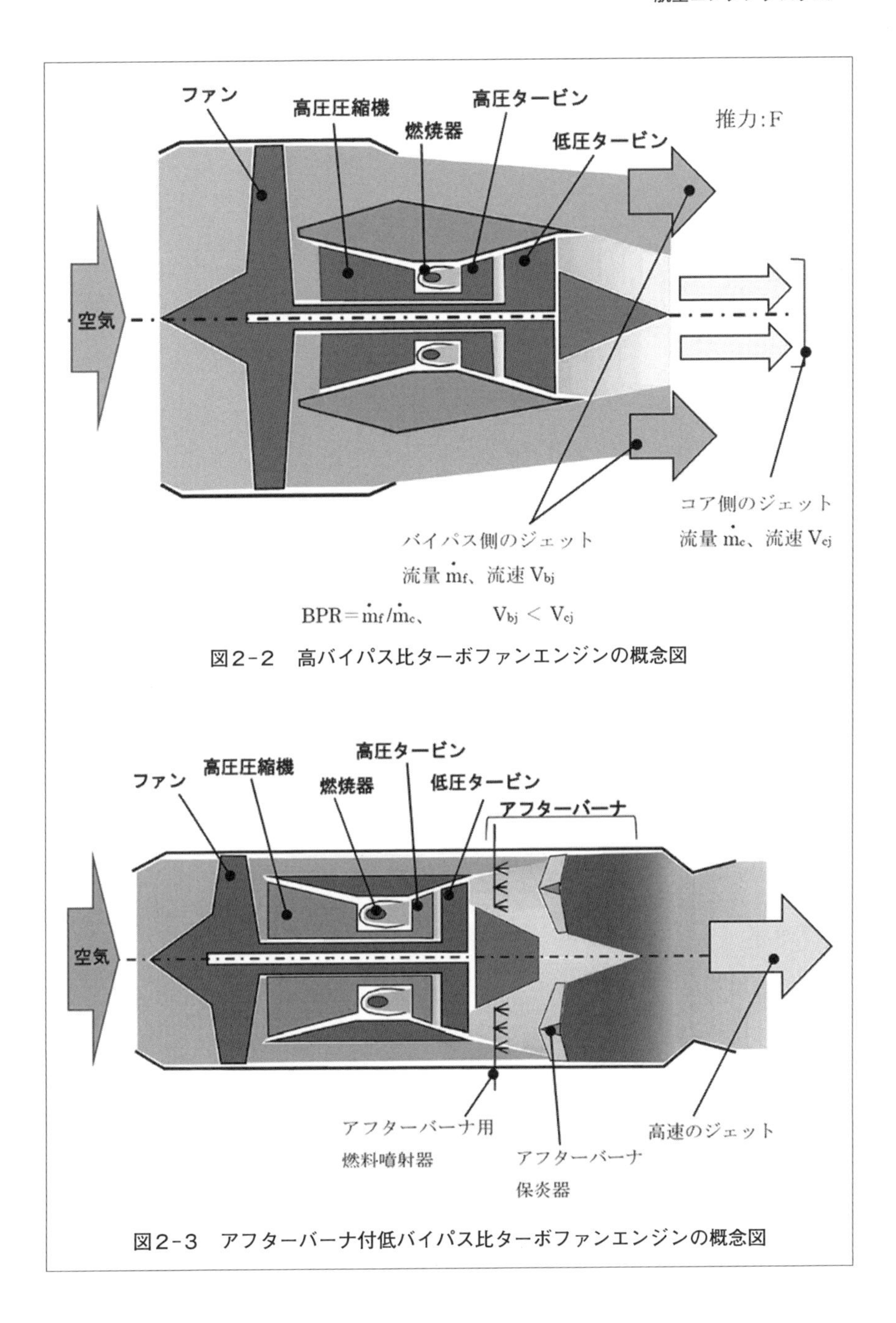

図2-2　高バイパス比ターボファンエンジンの概念図

図2-3　アフターバーナ付低バイパス比ターボファンエンジンの概念図

軸を設け、それにより大きなファンを駆動し、大流量の空気（$\dot{m}_f$）をファン側から低速で噴出する構造をもつ。このようなエンジンは亜音速を低燃費で飛行することが求められる機体に搭載されている。断面の概念図を**図2-2**に示す。コア側の流量を$\dot{m}_c$とすると、コア側の流量に対するバイパス側の流量の比を示すバイパス比（BPR）は$\dot{m}_f/\dot{m}_c$となる。

一方、高速で飛行することが求められる戦闘機等の軍用機においては、燃費よりむしろ高速かつ大推力であることが求められる。従って、(1)式においてV_jを大きくする方向で大推力化を行うこととなる。形態は２軸のターボファンエンジンでバイパス比は１より小さいことが多く、通常は低バイパス比のファンエンジンとして作動するが、一時的にさらなる大推力を発生させるため、タービン出口からの高温の燃焼ガスに再び燃料を与えて燃焼ガスの残留酸素を用いて再燃焼させるアフターバーナと呼ばれる機構をもつものが主流である。

このようなエンジンはアフターバーナ付低バイパス比ターボファンエンジンと呼ばれ、断面の概念図を**図2-3**に示す。アフターバーナで燃焼ガスを再燃焼させると燃焼ガスの体積が増大し、エンジンからのジェットの流速がさらに高速となり、それによって推力が増大するのである。

1.2　防衛省におけるエンジン研究開発

防衛省におけるジェットエンジンの研究開発の流れを、平成24年度に開発が終了した固定翼哨戒機（P-1）（**図2-4**）の搭載エンジンであるF7エンジン（**図2-5**）を例として紹介する。

F7エンジンは推力約６ｔ、バイパス比約８の高バイパス比ターボファンエンジンである。高圧圧縮機、燃焼器、高圧タービンから構成されるコアエンジン部を、先進技術実証機（**図2-6**）に搭載されるアフターバーナ付低バイパス比ターボファンエンジンであるXF5エンジン（**図2-7**）のコアエンジン部をベースに設計し、ファミリー化（**図2-8**）を適用することで性能、期間、コストに関するリスクの低減を図り開発したエンジンである。

図2-4　固定翼哨戒機（P-1）

形式	：高バイパス比ターボファンエンジン
推力	：約60[kN]
燃料消費率	：約0.34[kg/hr/daN]
バイパス比	：約8
質量	：約1240[kg]

図2-5　高バイパス比ターボファンエンジン（F7-10）

図2-6　先進技術実証機

形式	：アフタバーナ付低バイパス比ターボファンエンジン
推力	：約49[kN]
バイパス比	：約0.4
推力重量比	：約8

図2-7　アフターバーナ付低バイパス比ターボファンエンジン（FX5-1）

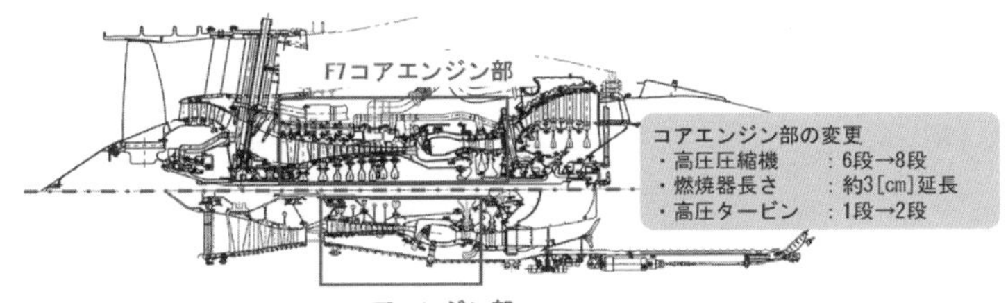

図2-8　コアエンジン部のファミリー化

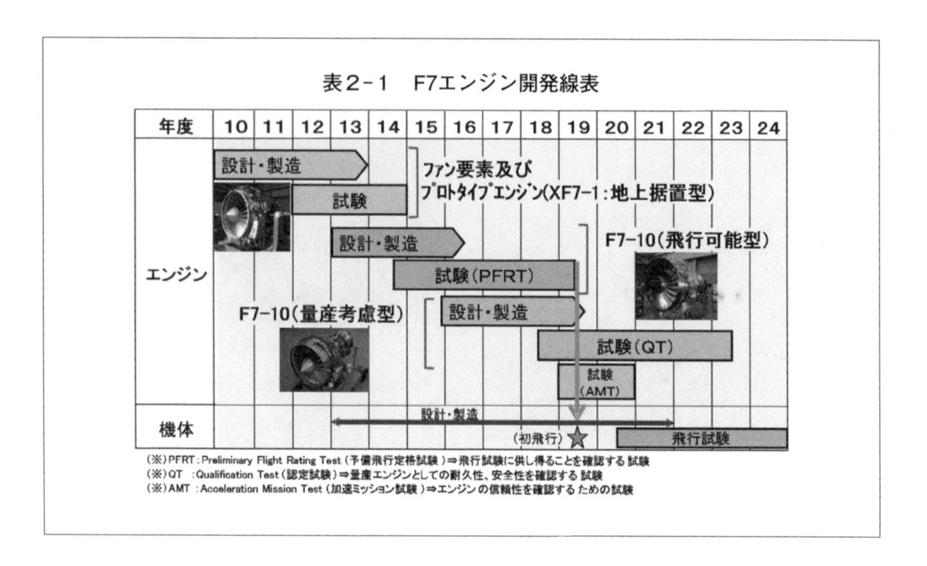

表2-1に示すようにF7エンジンは、平成10年の要素研究から予備飛行定格試験（PFRT)、認定試験（QT)、加速ミッション試験（AMT）の終了まで、その研究開発に約14年の年月を要した。

（1）要素研究

ジェットエンジンの研究開発の第１ステップは、ファン、圧縮機、燃焼器、タービン等の各エンジン要素を開発することから始まる。この際、将来の機体システムを想定し、そのような機体システムで求められると考えられるエンジンの目標性能（推力、燃料消費率等）を設定した上で、エンジン各要素の目標となる性能を定める。要素として目標とする性能は、ファン、圧縮機では圧力比、空気流量、断熱効率など、燃焼器では、出口温度や燃焼安定性など、タービンでは膨張比、空気流量、断熱効率などである。

F7エンジンにおいては、高圧系である圧縮機、燃焼器、高圧タービンはXF5エンジンのファミリー化によるものとしたため、本エンジンの大きな特徴である高いバイパス比約８を実現するファン要素の研究を、１/２スケール、フルスケールと段階を踏んでファンを研究試作し、要素試験を実施することによっ

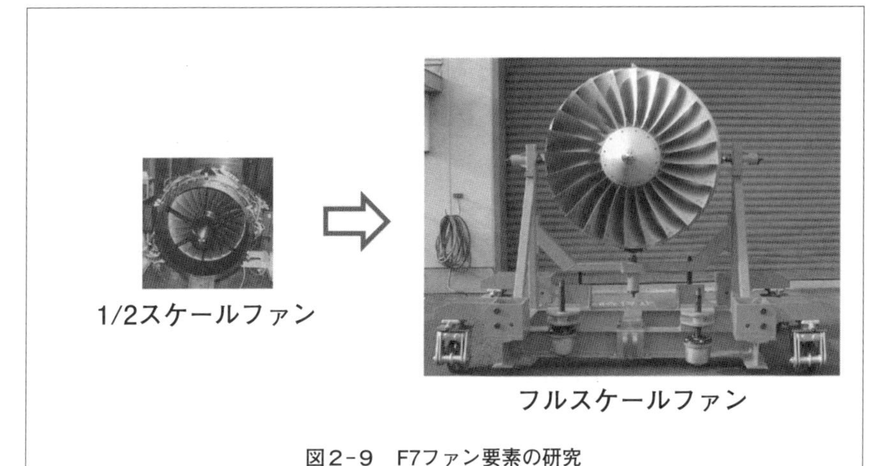

図2-9　F7ファン要素の研究

て空力性能を取得した（**図2-9**）。この大きなバイパス比は、哨戒機に搭載されるエンジンとして必要な良好な燃料消費率を達成する重要な技術である。

（2）プロトタイプエンジン

要素研究の次のステップとして、要素研究の成果を集約し、プロトタイプエンジンとしてまとめ上げるシステムインテグレーション（**図2-10**）の研究を行う。プロトタイプエンジンはエンジンの基本性能を確認することを目的としたもので、エンジン各要素の性能などのデータを詳細に取得するために多数の温度、圧力、振動センサを据え付けており、地上据え置き型となることが一般的である。

図2-10　プロトタイプエンジン（XF7-1）

F7エンジンでは、エンジン試験で取得したエンジン各要素の性能データを基に、エンジンの作動が適切となるようにエンジン要素のマッチングの調整を実施し、エンジンの推力、燃料消費率等の基本性能の確認を行っている。

（3）PFRT

プロトタイプエンジンで基本性能を確認すると、いよいよ飛行実証型エンジンの設計・製造を行う。この飛行実証型エンジンに対し、PFRT（Preliminary Flight Rating Test：予備飛行定格試験）を実施する。PFRTとは、実験用航空機の飛行試験に限定して使用されるエンジンの適切性を確認するため、エンジンと構成部品に対して行う試験である。

F7エンジンで実施したPFRTの試験項目を後述のQT、AMTとあわせて**表2-2**に示す。防衛省ではエンジンに関する試験をエンジン試験、部品試験、補機試験とに区分して試験を実施している。ここではF7エンジンのPFRT試験の

表2-2　F7エンジン試験項目

試験区分	試験項目	PFRT	QT	AMT
エンジン試験（27項目）	地上性能、インレットディストーション、潤滑油遮断、水吸込み、過温度、振動特性、排気ガス計測	●		
	高空、制御機能、鳥吸込み、氷吸込み、（高温）耐久	●	●	
	長時間耐久、ステアステップHCF、リバース耐久、代替燃料、低温始動及び加速、環境氷結、腐食性、砂吸込み、火器ガス、騒音調査、始動トルク、振動応力、横風、整備性／整備実証		●	
	信頼性			●
部品試験（8項目）	静荷重強度、ディスク破断、耐圧、過回転、異物損傷	●		
	疲労強度（部品HCF、部品LCF）、コンテインメント	●	●	
補機試験（29項目）	防爆、姿勢、電磁干渉、潤滑油タンク耐圧、燃料ポンプ耐高度、FADEC統合、シミュレーション、ECU複合環境、ECU温度	●		
	環境（湿度、持続加速度、振動、衝撃）	●	●	
	模擬作動（燃料系統、ECU、電気系統、点火系統）、燃料ポンプ、キャビテーション、砂塵、点火系の汚れ、AGB/PTO、潤滑油タンク、発電機、熱交換器、耐雷、耐火、信頼性データ取得（ECU、T45Bパイロメータ、燃料系統）		●	

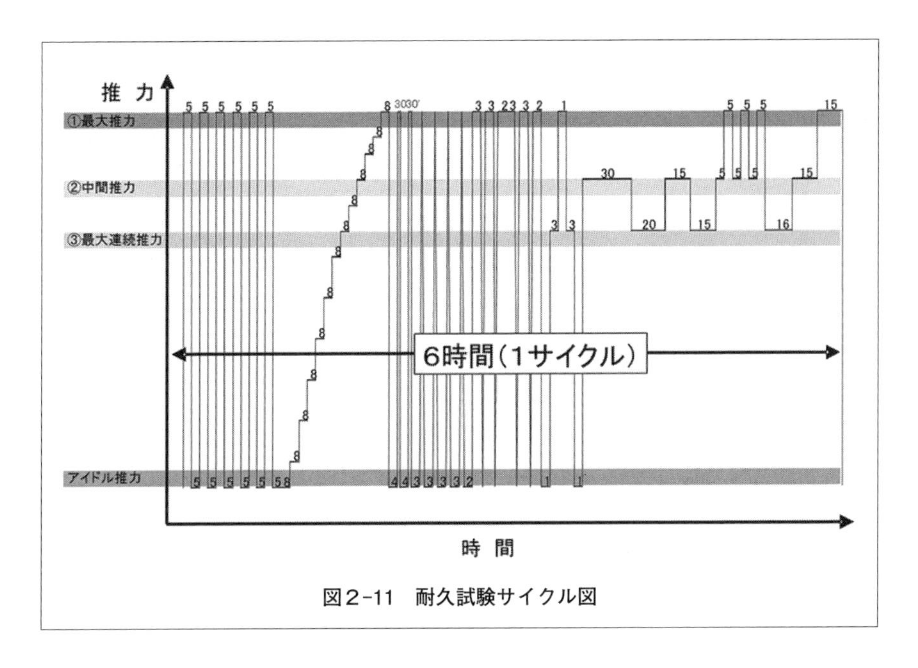

図2-11　耐久試験サイクル図

うち、代表的なエンジン試験として耐久試験と高空試験とを紹介する。耐久試験では燃焼器出口温度をその下流の高圧タービンの最大許容温度よりも上昇させた高温状態とし、**図2-11**に規定した6時間のサイクルでエンジン運転を10回（合計60時間）行うことで、その耐久性の立証を行った。

エンジンの高空性能を評価する高空試験については、F7エンジンではATF試験およびFTB試験によって評価した。ATF試験は、防衛省技術研究本部札幌試験場（**図2-12**）にある高空性能試験装置（Altitude Test Facility）（**図2-13**）を使用し、地上において高空状態を模擬して実施した。FTB（Flying Test Bed）試験は、航空自衛隊岐阜基地のC-1をフライトテストベット機として、実際にF7エンジンを搭載して実飛行時におけるエンジン作動を確認した（**図2-14**）。これらの高空試験において定常性能や急加減速特性に加え、空中再始動性能などの評価を行った。

図２−12　防衛省技術研究本部札幌試験場

図２−13　ATF装置（テストチャンバ）

図２−14　FTB試験（C-1テストベット機）

（４）QTおよびAMT

PFRTが無事完了すると、飛行可能型エンジンと同等な搭載エンジンが航空機に搭載され、初飛行を迎えることとなる。一方、エンジンとしてはPFRTの成果をもとに、量産に向けたエンジンの設計・製造を行い、量産エンジンとしての耐久性、安全性を確認するQTが実施される。

F7エンジンでは、PFRTと同等なサイクルを25回（150時間相当）×２回実施する高温耐久、エンジンの高温部品の寿命を確認する長時間耐久、代替燃料や入口温度の高空での影響を確認する高空性能〔**図2-15**：米国空軍アーノルド技術開発センター（AEDC）のATFで実施〕、耐環境性（鳥・氷・砂などの異物吸込や着氷条件での作動を確認する環境氷結）（**図2-16、図2-17**：北海道大樹町の屋外運転場で実施）などを試験によって実証し、量産エンジンとしての耐久性、安全性を確認した。

またF7エンジンでは、従来、開発終了後に実施していた整備間隔を設定するためのデータ取得を行う試験をQTと平行して実施している。このような試験をAMT（Accelerated Mission Test）といい、想定される航空機の運用パターンに基づきエンジン運転パターンを設定し、これらパターンによりサイクル運転を行い、エンジンの信頼性を確認するもので、この成果により適切な整備間

米国空軍アーノルド技術開発センター（AEDC）

ASTF C-2セルに搭載されたF7エンジン

図2-15　高空試験（QT）

図2-16　鳥吸い込み試験

図2-17　環境氷結試験

隔が設定されることになる。

これらのQTおよびAMTの各試験項目が満足することが確認されたことでF7エンジンの開発は終了し、引き続き機体の飛行試験が完了することでP-1の開発は終了した。

本節ではエンジンシステムの技術として、エンジンの作動原理、F7エンジンを例としてエンジン研究開発について紹介した。防衛省においては、現在、将来戦闘機用のエンジンとして推力15トン級のアフターバーナ付低バイパス比ターボファンエンジンを開発すべく、要素研究を行っているところである。今後ともこのような継続した研究開発を実施することが、わが国のジェットエンジン技術の発展に寄与するものと考えている。

2．高推力・軽量化技術

防衛省は、「将来の戦闘機に関する研究開発ビジョン」[2-5] の中で次世代ハイパワー・スリム・エンジンを提唱している。

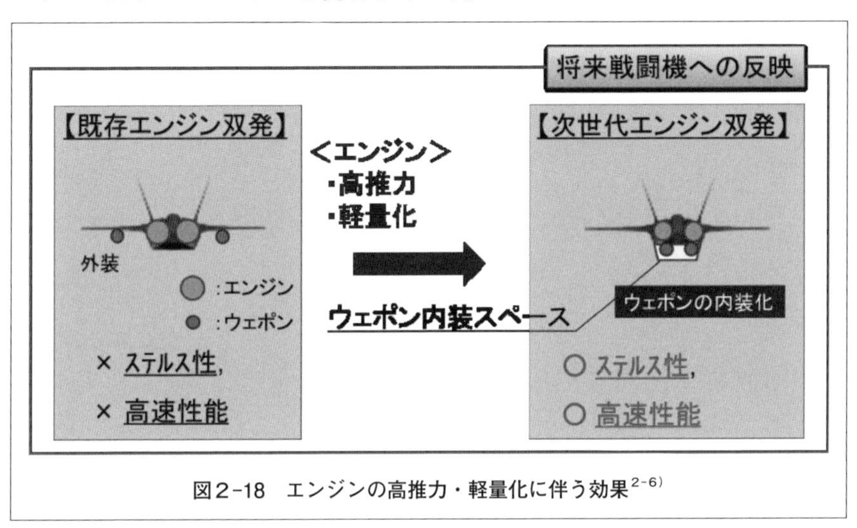

図2-18　エンジンの高推力・軽量化に伴う効果[2-6]

ここでいうハイパワーとは、たとえば同一寸法もしくは質量でより大きな出力が得られ、スリムなエンジンとは、同一出力でより前面面積が小さいエンジンを目指すということである。こうすることにより、外装していたウェポンなどを容易に内装できるようになり、ステルス性が向上する[2-6]（図2-18）。非力なエンジンでは戦闘機としての高速性能、高運動を妨げるばかりか、まともに飛行できなくなるので推力の向上は必須となる。

図2-19　中等練習機T-4[2-7]

推力の向上には空気流量の増大、タービン入口ガス温度の高温化という大きく二つの手法があげられる

図2-20　F3-30エンジン（防衛省）

図2-21　F3-400エンジン（防衛省）

が、空気流量の増大はそれに比例して前面面積が増大するのでスリム化にそぐわないことから、ハイパワー・スリム・エンジンには高温化が必須となる。

高温化の効果の例を防衛省で研究したエンジンで紹介する。航空自衛隊で使用されている中等練習機T-4[2-7]（**図2-19**）に２基搭載されているF3-30エンジン（**図2-20**）と空気流量をほぼそのままでタービン入口ガス温度を1,050℃から1,400℃に高めたXF3-400エンジン[2-8]（**図2-21**）の推力を比較すると、推力1.67トンから、推力2.1トン（無再熱時）に増加[2-9]しており、約25%の推力増加となっている。要素の効率向上も多少はあるが、面積増大を伴わない高温化が戦闘機用エンジンとして推力向上の手段として最も効果的な手段であることが分かる。

そのため戦闘機用エンジンの性能向上、特に出力の向上手段として高温化の研究が欧米先進諸国で盛んに研究されているのが現状である。先進国の米国の例としては、1988年から2005年まで実施されたIHPTET[2-10]（Integrated High Performance Turbine Engine Technology）やそれに続くVAATE[2-11]（Versatile Affordable Advanced Turbine Engines）が軍主導で国家プロジェクトとして実施されており、それらの成果がF-22ラプターやF-35ライトニングIIといった最新鋭戦闘機の性能向上に大きく寄与しているといわれている。

本節では、このように戦闘機用エンジンの性能向上に必須の高温化を実現するための技術と防衛省における取り組みについて紹介する。

なお高温化技術については、燃焼器、タービンおよびアフターバーナが対象としてあげられるが、ここでは最も過酷な高温・高応力環境にさらされ、技術的に難易度が高いタービンについてその概要を紹介する。

2.1　タービンの高温化技術

エンジンは、前方から吸い込んだ空気を圧縮するファンおよび圧縮機、圧縮した空気に燃料を吹き込み高温・高圧の燃焼ガスを生成する燃焼器、燃焼器で発生させた高温・高圧の燃焼ガス流からファン、圧縮機などを駆動する回転エネルギーを取り出すタービン、タービンからの燃焼ガスにさらに燃料を噴射・燃焼させて推力を増大させるアフターバーナから構成されている（**図2-22**）。

さらに燃焼器からの高温・高圧の燃焼ガスを受けて耐熱的に厳しいタービンは、動翼が燃焼ガスから効率よく回転エネルギーを取り出せるよう燃焼ガスの流れを整える静翼、静翼で流れを調整された燃焼ガス流を受けて回転エネルギーを取り出す動翼、回転する動翼の外周に位置し燃焼ガスの通路を形成するシュラウド、回転する動翼を適切な位置に保持し動翼で得た回転エネルギーを圧縮機へシャフトを介して伝えるディスクといった主要な部品から構成されている（**図2-23**）。

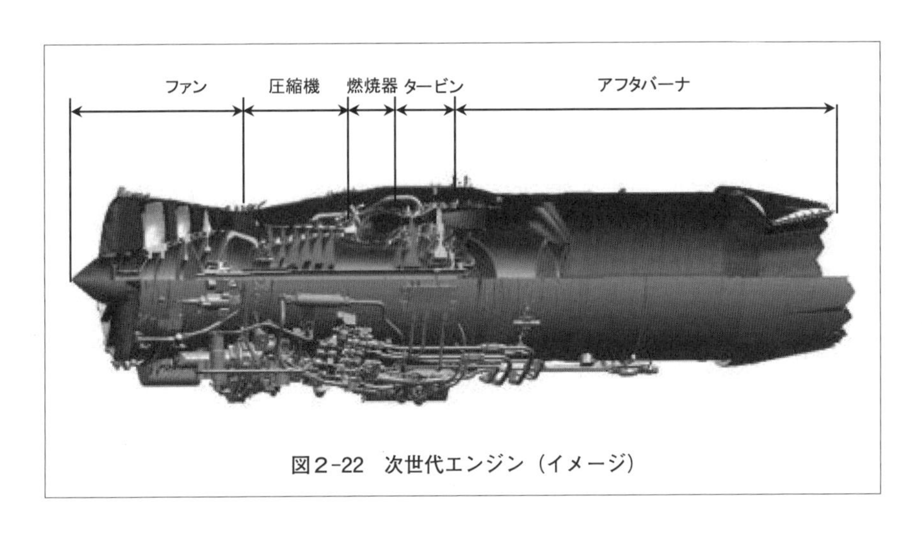

図2-22　次世代エンジン（イメージ）

英国ロールス・ロイス社のエンジンを例とした高温化技術の進歩[2-12]を**図２-24**に示す。1960年まではタービン入口ガス温度と材料の許容温度が一致しているが、1960年からはタービン入口ガス温度が材料の許容温度を超えて著しく上昇している。これは1960年から無冷却もしくは単純な対流冷却から複数本もしくは複雑な流路をもつ効率の良い冷却方法へと冷却技術が進歩したためであり、高温化が材料技術だけの進歩のみならず冷却技術の進歩も相まって成し遂げられていることを示している。以下にそれらの技術の概要を紹介するが、燃焼ガスに直接接し高温酸化、高温強度、高温腐食環境下にある静翼、動翼およびシュラウドと、燃焼ガスに直接接することなく高温酸化、高温腐食の影響が翼ほどでないディスクとでは材料に差があるので分けて説明する。

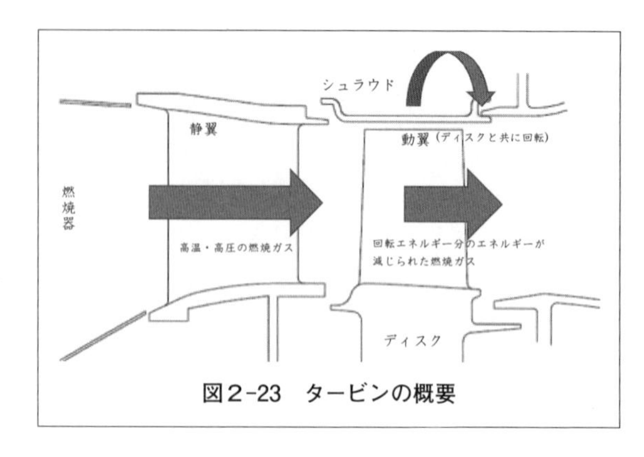

図２-23　タービンの概要

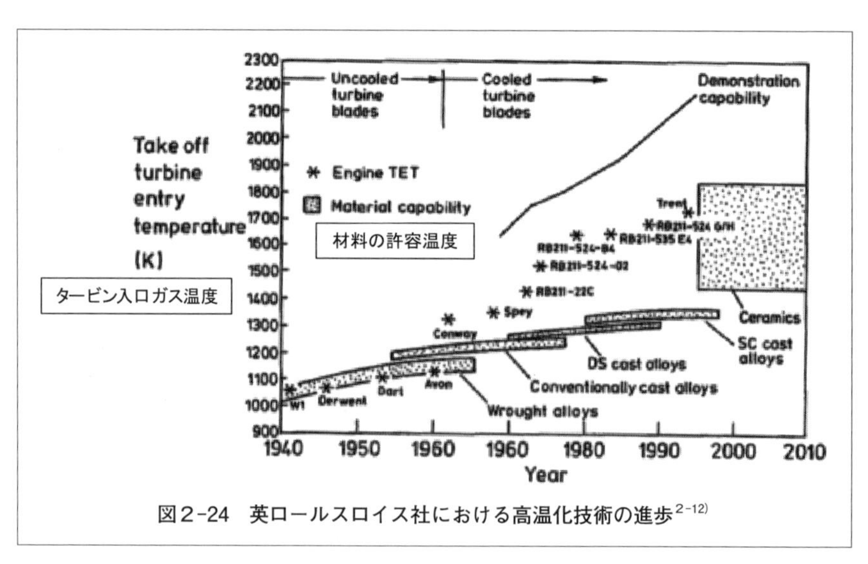

図２-24　英ロールスロイス社における高温化技術の進歩[2-12]

(1) 静翼、動翼およびシュラウド

これらの部品は燃焼器で発生させた高温の燃焼ガスを直接受けることから、耐高温酸化特性が優れ、起動停止に伴い発生する熱応力、さらに動翼については、高速回転に伴う遠心力によって発生する応力にも耐えうる耐熱性の優れたニッケル基の超合金等で作られている。しかし、燃焼ガス温度が材料の耐熱温度を上回って用いられていることから、金属基材表面にAl、Crなどを含んだ材料をコーティングすることで酸化を防止したり、低熱伝導材料をコーティングして燃焼ガスから基材に入る熱（熱流束）を減らしたり、翼内部に圧縮機からの抽気を導入して冷却することで翼の金属基材温度を下げる工夫をして用いているのが現状である。以降でそれぞれの技術の概要を述べる。

ア　材料技術

タービン翼の材料としては、第二次世界大戦中の独国で世界初の量産型戦闘機用ジェットエンジンに鍛造による耐熱鋼が用いられ、それと同時期に英国および米国でCo基、Ni基の合金が使われてきたが、現在はNi基の合金が主流になっている。

またジェットエンジンの高温化は、タービン翼用耐熱材料の耐用温度（応力137MPaで1,000時間破断しない温度：耐熱性の指標として使用している）上昇の歴史と重ねられるといえる。翼用Ni基合金は**図２-25**[2-13]に示すように1940年代から鍛造によるものが使用され、1955年頃から鋳造のものが現れ、1970年頃から一方向凝固によるものが、続いて1980年代からは史上最強の合金といわれる単結晶によるものが現れ今日に至っている。

現在、翼用材料として多く使用されているNi基単結晶超合金は、1980年代の第１世代といわれているものから耐用温度を125℃程度上昇させている第５世代といわれるものが出現している。わが国においても独立行政法人　物質・材料研究機構（NIMS）が世界トップレベルの合金を開発しており、その実力が買われ英国ロールス・ロイス社と協同研究[2-14]を行い、ANAなどが運航するボーイング787用ロールス・ロイス社製ジェットエンジンのタービン翼に実用化されるまでになっている[2-15]。単結晶以外にもNi基の超合金として酸化物分

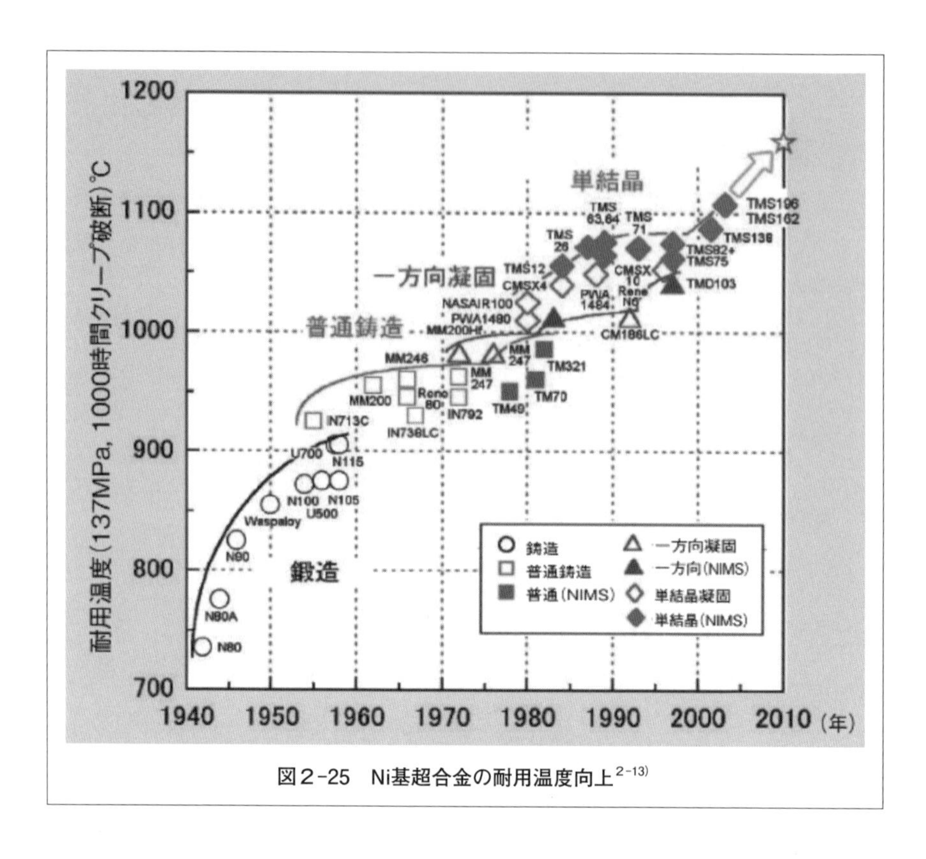

図2-25　Ni基超合金の耐用温度向上[2-13]

散強化型合金があるが、現在のところ加工方法の制限から静翼などの静止部材に限られている。

しかし、更なる高温化に対しては耐用温度がNiの融点に近づいており、限界が見えていることから、これに代わる材料が求められている。それを打開する手段として、図2-24の右側に示すように、より高温に耐えうるセラミックスの適用があげられる。セラミックスには炭化物系、窒化物系、酸化物系などの種類があるが、そのうちジェットエンジン静止部材に対する炭化物系の複合材料（CMC：Ceramic Matrix Composite）が実用化の段階にきている[2-16]（**図2-26**）。しかし、炭化物セラミックスの使用温度上限が約1,300℃であるため、燃焼ガス温度が1,300℃を超える場合は冷却が必要となる。純粋な無冷却化とするためには、高温でも化学的に安定した特性がある酸化物系セラミックスの適用が望ましいが、高温強度に課題があり、実用化には至っていない。

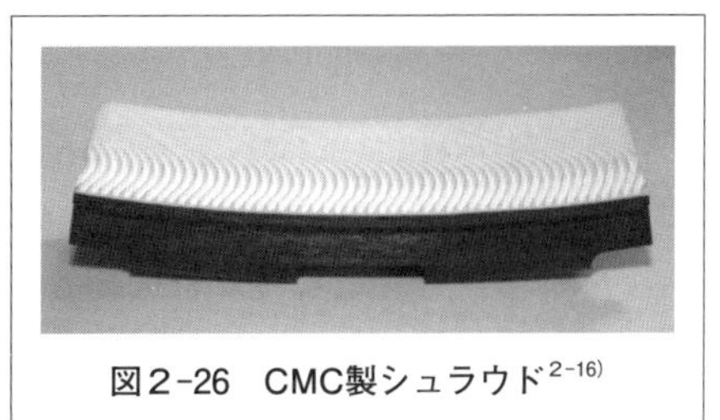

図2-26　CMC製シュラウド[2-16]

その他に、高温でも強度特性が良い金属間化合物の適用も考えられる。Ti-Alが800℃程度の金属温度域で使用されてきている[2-17]が、更なる高温化に期待がもたれるMo、Nbといった高融点金属などをベースとした金属間化合物は酸化や比重の大きいところが課題であり、先のセラミックスも含めて実用化が期待されるところである。

イ　冷却技術

前述のように、セラミックス等の新材料の実用化による冷却の全廃はまだ先のことになると考えられる。ここしばらくは翼の主要材料として金属材料が使われることから、依然として冷却空気量低減のために冷却効率の向上が重要となっている。

タービン冷却技術の進歩を**図2-27**[2-18]に示す。タービンの冷却は世界初の量産ジェット戦闘機用エンジンに単純な対流冷却によるものが採用されていたが、その効果は極めて限定的でタービンの基材金属温度と燃焼器の出口温度がほぼ一致した使用を余儀なくされていた。しかし、1955年頃から精密鋳造法が翼の製造に適用されると、1960年頃から複雑な冷却経路による効果的な対流冷却の適用が可能となり、基材の耐用温度を上回るガス温度での作動が可能となった。1970年から1980年代初頭にかけては、内壁から外壁へ噴流を吹き付けて冷却するインピンジメント冷却や、乱流促進体やサーペンタイン（往復蛇行）流路を有する対流冷却などの適用により、冷却効率の向上が図られていった。また1980年代中頃からは翼の前縁等から冷却空気を吹き出し、翼を冷却空気の膜で覆い主流燃焼ガスからの熱流束を減少させ翼金属温度を低減させるフィルム冷却と次々に新しい画期的な冷却方式を開発・採用してきた結果、冷却効率は大幅な進展を遂げている。

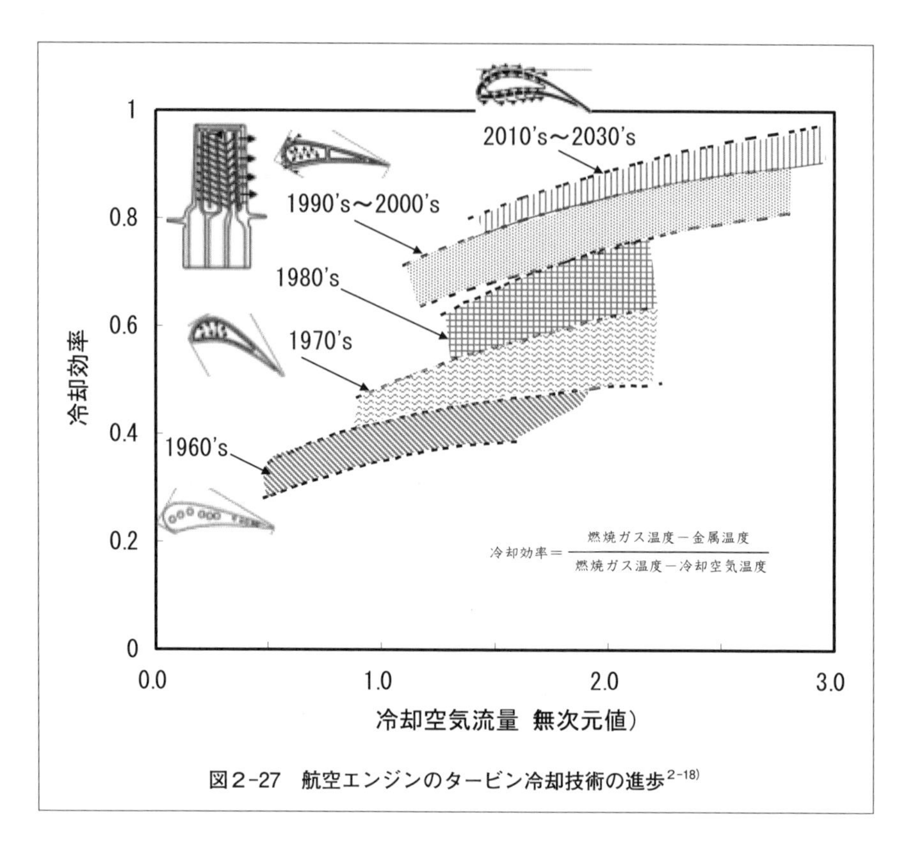

図2-27　航空エンジンのタービン冷却技術の進歩[2-18)]

前述のIHPTET計画で、ラミロイ[2-19)]（Lamilloy®：ロールス・ロイス社の登録商標）（**図2-28**）といった複雑な冷却構造を有する効率の高いものも開発されており、今後もしばらくは理想的な冷却効率（＝1）に向かって上昇傾向は続くものと考えられる。

図2-28　Lamilloy®構造[2-19)]

ウ　外部遮熱技術

Ni基超合金を基材としたタービ

ン翼などの高温の燃焼ガスが直接触れる外周を、耐熱性に優れ、熱伝導率の小さいセラミックスのような材料で覆うことによって入熱量を少なくし、基材温度を低減して基材を守る技術である（**図2-29**）。その構造は、燃焼ガスから基材への熱流束に対して抵抗となるセラミックスの熱遮蔽被膜（TBC：Thermal Barrier Coating）、TBCと基材の間に位置し基材を酸化から守る耐酸化被膜からなる。TBCに用いられるセラミックスとしては耐熱性の高いZr（ジルコニウム）の酸化物ZrO_2（融点約2,700℃）が主に使用されている。基材の温度は、実用的な厚さ0.2～0.3mmでは100～150℃低下するといわれている[2-20]。耐酸化被膜は、酸化して強い耐酸化被膜を形成するAl、CrをPack CoatingやCVD（Chemical Vapour Deposition）でコーティングしたものなどがある。

TBCの当初の製法としては、1962年に米国PRAXAIR SURFACE TECHNOLOGIES（旧社名：Union Carbide）社が特許を取得[2-21]したプラズマの高温（約1万5千℃）を用いたプラズマ溶射コーティング（Plasma Spray Deposition）であったが、この製法ではセラミック被膜と金属基材との線膨張率の違いによって発生する応力による熱疲労寿命が短いという欠点があることから、もっぱら剥離してもすぐには危機的な状況にならない燃焼器ライナ、タービン静翼などの静止部に使用されてきた。高温化のためには回転部品への適用

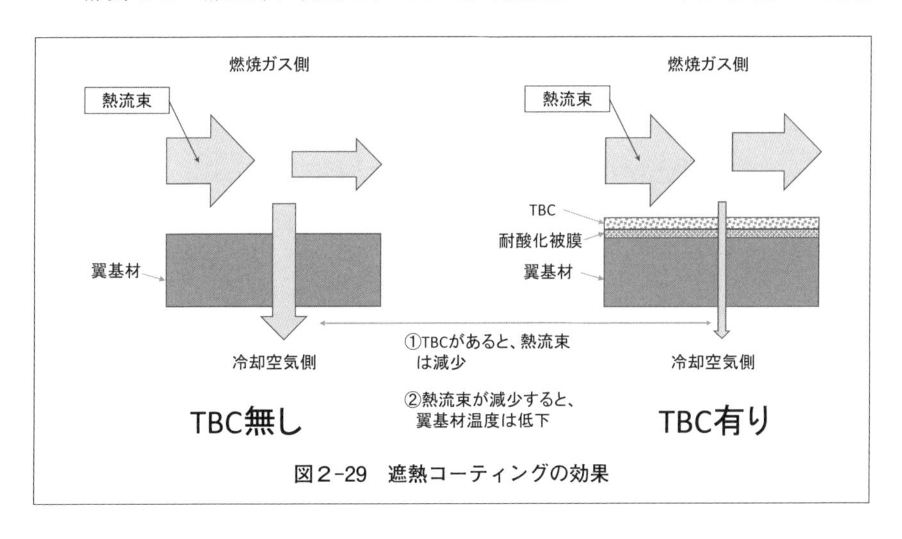

図2-29　遮熱コーティングの効果

も必須であるので、NC工作機械で均一にコーティングを行ったり、コーティング被膜の組成を段々と変化させたりして熱疲労特性の改善を図ったが、航空機用タービン動翼の熱疲労寿命要求を満足できなかった。

しかし、その一方で1980年代前半から1990年代にかけてEB-PVD（Electron Beam -Physical Vapor Deposition：電子ビーム物理蒸着）法によるタービン動翼への熱疲労に強いコーティング技術[2-22]が実用化され現在に至っている。その原理は、電子ビームをセラミックスに照射させることで発生させたセラミック蒸気を金属基材に柱状に蒸着させたTBCであり、温度変化があった場合の基材とセラミック被膜の線膨張係数の違いにより発生する変位の差違をセラミック被膜の柱状組織により緩和し、高い応力が発生しないようにしたものである[2-23]（**図2-30、31**）。これにより劇的に熱疲労寿命を延ばすことが可能となった。一方で、プラズマ溶射によるものより熱伝導率が若干高め[2-24]であることや、破壊のメカニズムが熱疲労ではなく界面に発生する酸化膜層の成長によるものであること[2-25]に対する対応が課題となっている。

（2）ディスクの材料技術

燃焼ガスに直接触れる動翼や静翼と違い、温度はそれより高くないが、高い回転速度に伴う遠心力が作用することから、その材質には高強度の特性が求められる。また破断による機体への影響が大きいことから、特に取扱いに注意を要する部品として取り扱われる。

初期には耐熱鋼が使われてきたが、タービン入口温度の高温化とともに、高合金化で溶性鍛造Ni基超合金を適用し、高温化に対応していたが、高合金化に伴う元素の偏析による強度低下が問題となっていった。そこで、その解決策として粉末冶金法を適用することで偏析を抑制し高合金化を達成し、高い疲労強度特性およびクリープ強度特性を得るに至った。ディスク合金の耐用温度向上の歴史[2-26]を**図2-32**に示す。

研究開発の傾向としては、最先端をいく米国では経済性を考慮し、損傷許容性を考慮した設計が求められ、き裂伝播特性、破壊靱性特性に優れた粉末冶

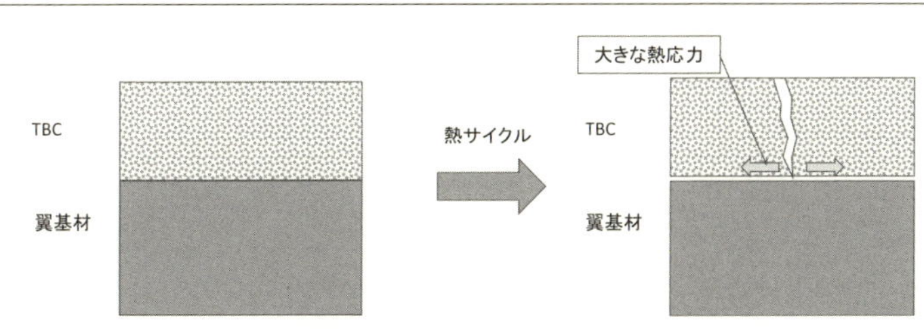

①加熱により線膨張係数が小さいTBCは、線膨張係数の大きな翼基材の熱膨張による変形に追随できず界面に大きな応力が発生
②大きな応力の繰り返しで、縦にき裂が発生
更に、界面に沿ってき裂が進展し、TBCが剥離

プラズマ溶射によるTBC

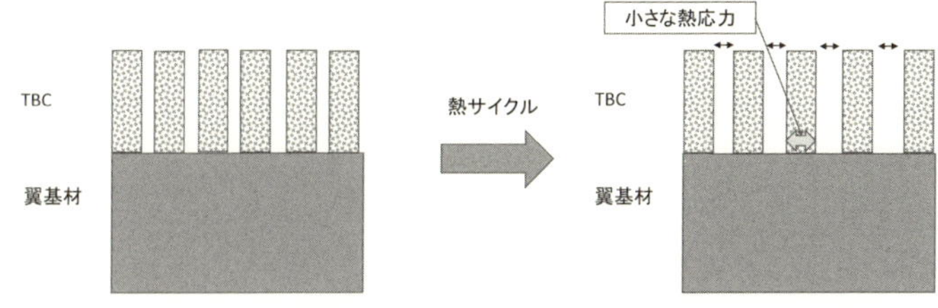

①TBCと翼基材の線膨張係数の違いによるひずみがTBC間の空間で緩和され大きな応力が発生しない

EB-PVDによるTBC

図２-30　EB-PVD適用による熱疲労特性の改善効果

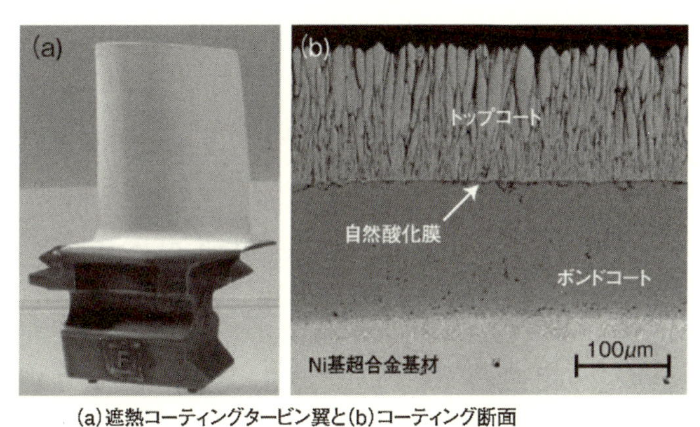

(a)遮熱コーティングタービン翼と(b)コーティング断面

図２-31　EB-PVDコーティングの動翼への適用例[2-23]

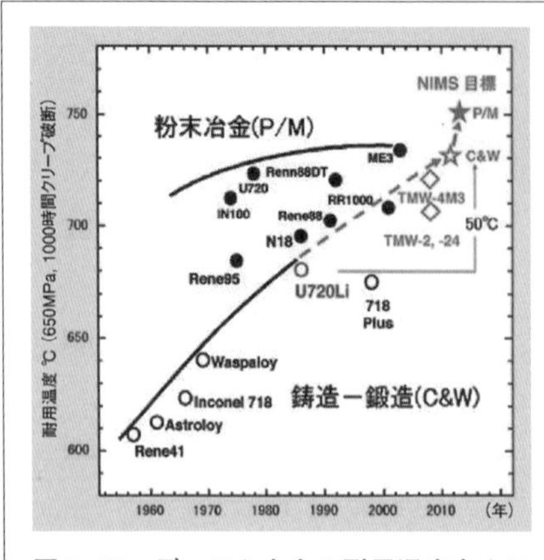

図2-32　ディスク合金の耐用温度向上の歴史[2-26)]

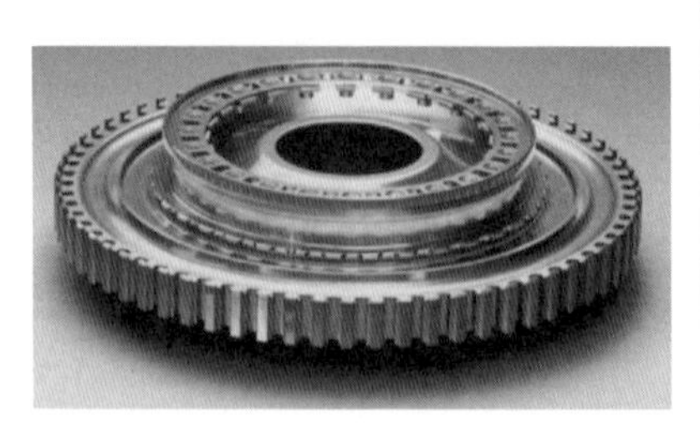

図2-33　粉末冶金によるNi基超合金製タービンディスク[2-27)]

金製ディスクの開発を進めている。一方、わが国においては粉末冶金法によるNi基超合金製ディスクを試作している[2-27)]（**図2-33**）。しかし粉末冶金法によるディスクの製造が、不純物を嫌う性質からクリーンルームでの粉末製造となることや、この製造設備の用途が限られることにより製造単価が高価となる短所があることから、粉末冶金によらない通常鍛造で製造可能な材料の開発をNIMSが行っている[2-28)]。

2.2　防衛省における取り組み

防衛省においても戦闘機ビジョンに従った次世代エンジン事業の一部として、前述のF5エンジンよりもさらに高温化したタービンの試作を行っている。その中で翼基材に第５世代のNi基単結晶超合金、翼表面にEB-PVDによる遮熱コーティング、翼内部にF5よりも効率の高い冷却構造を適用したタービン翼（**図2-34**）や、基材にCMCを適用したシュラウド（**図2-35**）を試作した。またディスクについてはNIMSが開発したNi-Co基超合金によるディスクの鍛造（**図2-36**）を最新の大型プレス機で行い、その強度特性を確認しているところである。

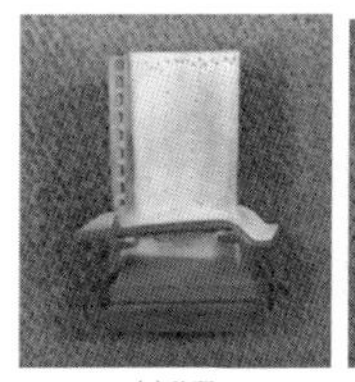

(a)動翼

(b)静翼

図2-34　タービン翼

図2-35　シュラウド

図2-36　タービンディスク鍛造素材

本節では、ハイパワー・スリム・エンジンの実現に必要なエンジン高温化の効果について、わが国のエンジンを例に紹介するとともにエンジンの高温化のうち、タービンの高温化技術と防衛省における技術研究の取り組みについて紹介した。

エンジンの高温化技術は戦闘機のみならず、民間機の性能向上に効果があることから、新興国においても盛んに研究されている。紹介した材料技術についてはタービン翼の単結晶材料、CMC素材など、日本のメーカーが世界一を競っている技術もあり、この分野をさらに深化させることはもちろん、他の技術も不断の技術研究開発により、わが国の航空分野が発展することを切に望みたい。

3．エンジン制御技術

ジェットエンジンの制御装置は地上静止から高空高速状態までの飛行条件で、エンジンの始動から最大推力までのすべての作動を制御し、エンジンの保有する能力を最大限に発揮させることが要求される。

その制御方式はジェットエンジン出現当初においては、カムやリンクなどを組み合わせて、スロットルレバーの動きに対する燃料流量だけを算出する油圧機械方式であったが、航空機の要求性能が高まるにつれ、ジェットエンジンの高出力化や運用領域の拡大等が求められるようになり、それに応じた新たな制御機能や制御性能の向上が必須となった。しかし、制御機能の新規追加や改修を行うことは従来の油圧機械方式ではエンジン本体のハードウェアにまでその変更が及ぶため、ソフトウェアのみで対応できる新たなデジタル式電子制御方式が注目され始めた。

このような時代の要求とコンピュータ技術の発展や電子部品の信頼性／耐久性の向上により、1990年代以降になるとコンピュータだけですべてのエンジン制御を行うFADEC（Full Authority Digital Electronic Control：全自動デジタルエンジンコントロール）が実用化された。FADECはパイロットが必要とする推力をより早く、より正確に発生させることができることに加えて、ソフトウェアの改良やメンテナンスが容易であることから、民用および軍用を問わず広く採用されている。近年ではエンジンの故障検出や状態管理なども行っており、その重要性が増してきている。

本節では3.1項でFADECについて解説した後、3.2項から3.5項ではFADECを中心とするエンジン制御に関連した主要な将来技術について紹介する。

3.1　全自動デジタルエンジンコントロール（FADEC）

FADECの特徴は、従来の油圧機械方式のように燃料制御系統や電気系統など制御機能を個々に有する方式とは異なり、エンジンの始動から停止まですべての制御は電子制御部で一元的になされていることである。FADECによる制御システムの構成を**図2-37**に示す。FADECによる制御システムは、エンジン入口や内部の温度、圧力、エンジンの回転数などを検知するセンサ部、センサからの入力信号を用いて演算を行う電子制御部および電子制御部からのコマンドにより燃料流量の計量を実施するメータリングバルブや可変機構を駆動するアクチュエータ部から構成されている。

人間の脳に相当する電子制御部では、エンジン各部から送られてくるさまざまな信号をキャッチし、飛行条件に応じた燃料流量を計算して、推力を制御す

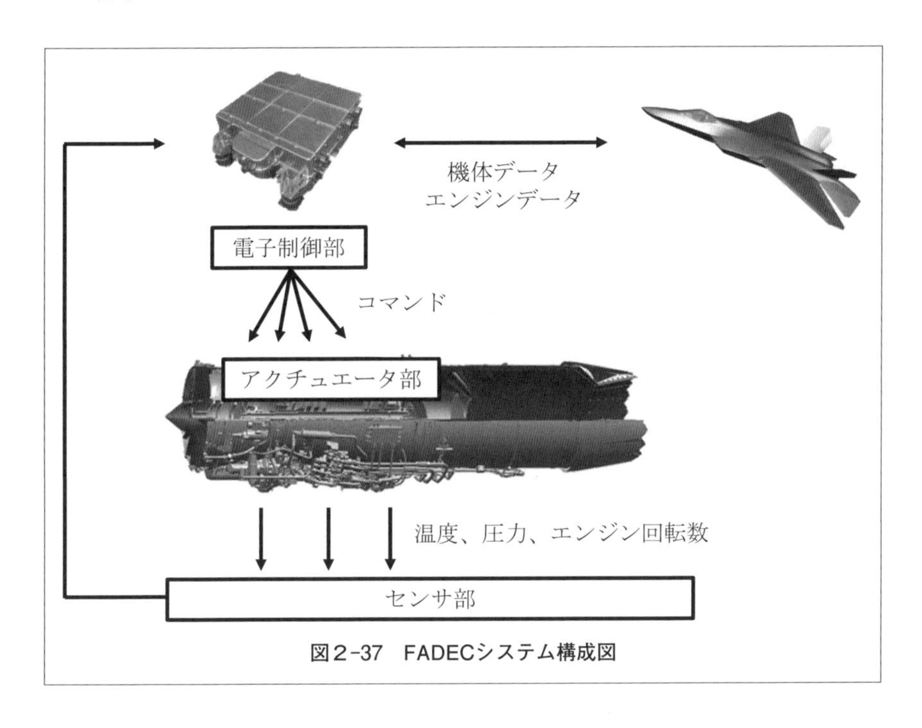

図2-37　FADECシステム構成図

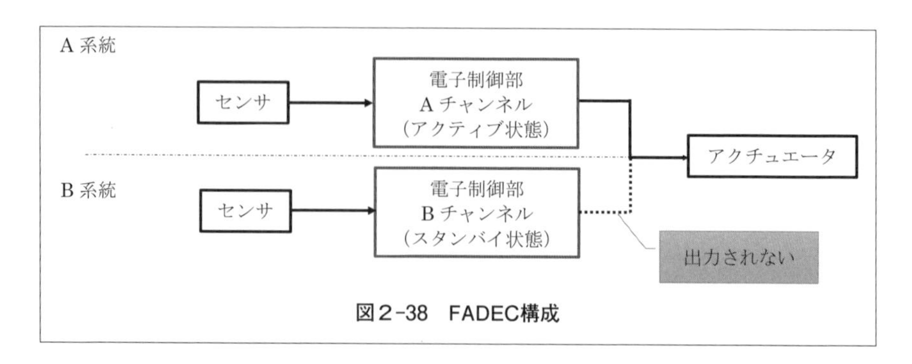

図2-38　FADEC構成

る推力制御機能をソフトウェアだけで実現させた。これにより飛行中、パイロットはファン回転数やタービン入口温度等にとらわれず、スロットル操作だけで所望の推力を得ることができるようになった。

また電子制御部は、センサやアクチュエータなどのエンジン各部の作動状況をリアルタイムで監視し、緊迫度に応じていくつかの段階に分けて故障を診断する故障診断機能を有していることも特徴の一つである。故障のレベルに応じて制御機能を再構成することで、エンジンの推力を適切に制御し、エンジンを常に安全な状態で作動させることができる。

通常、FADECは**図2-38**に示すように、互いに独立するAチャンネルとBチャンネルの二つの系統で構成されており、いずれかのチャンネルがアクティブチャンネルとしてエンジンを制御し、一方のチャンネルはスタンバイチャンネルとしてエンジンの作動状態をモニタする。各チャンネルはそれぞれ独立した同一の電子回路から構成されているため、制御を担当しているアクティブチャンネル（図2-38ではAチャンネル）に故障があった場合には、待機しているスタンバイチャンネル（図2-38ではBチャンネル）に切り替えを行うことで制御を継続する。

3.2　分散制御方式

FADECは飛行条件に応じた適切な推力の制御だけでなく、エンジン各部の作動状況からのエンジン故障検出や状態管理を行うなどの多機能化が進んでいる。このようなFADECの多機能化に伴い、電子制御部を機能ごとに分離させ、センサやアクチュエータなどに演算機能をもたせる分散制御方式の研究が行われている。分散制御方式に対して従来の制御方式を集中制御方式という。

分散制御方式のイメージを**図2-39**に示す。電子制御部の機能をいくつかに分散化し、それらを高速／高信頼性をもつ通信ネットワークで連接して、エンジンを制御する技術である。

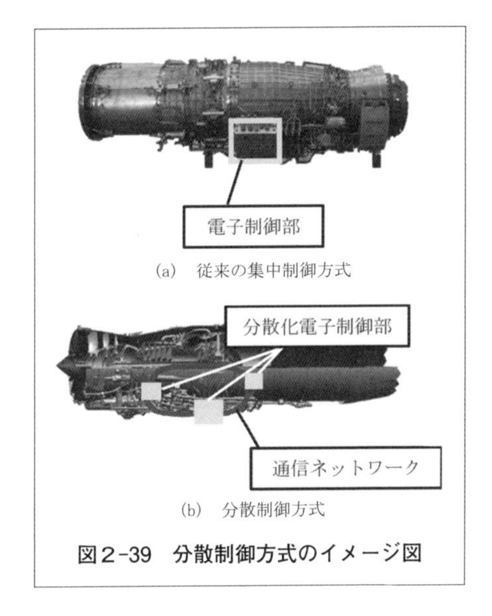

図2-39 分散制御方式のイメージ図

分散制御方式を用いることで機能拡張性を向上させるとともに、人間の脳に相当する電子制御部を、人間の五感や筋肉に相当するセンサやアクチュエータに分散することによって、被弾時におけるシステムとしての生存性や抗堪性を強化することができる。このFADECの多機能化および生存性向上に対応した分散制御方式は将来の戦闘機に有望な技術であることから、平成18年度から防衛省技術研究本部 航空装備研究所においても研究している。

当研究所で仮作した分散制御装置外観を**図2-40**に示す。本装置はセンサ部、制御部およびアクチュエータ部からなる分散化電子制御部で構成されており、制御対象であるエンジンを模擬したエンジンシミュレータと接続している。

研究を行った分散制御方式のコンセプトを**図2-41**に示す。信号処理機能を付与して分散化したセンサ部とアクチュエータ部、エンジン制御演算を行う制御部は、それぞれ独立したAチャンネルとBチャンネルで構成され、図2-41に示すように各々の機器を制御用データバスで互いに接続して、ネットワーク通信をすることで冗長系を構成している。

従来の集中制御方式は図２-38に示すように、制御を担当しているアクティブチャンネル(図２-38ではAチャンネル)に故障があった場合には､バックアップとして待機しているスタンバイチャンネル（図２-38ではBチャンネル）に切り替えを行うことで制御を継続することが可能である。その後、新たなアクティブチャンネル（Bチャンネル）に故障が発生した場合には、より健全度の高いチャンネルで制御が継続することになるが、発生している故障状態によっては制御機能の一部を縮退させるか、最悪の場合には制御を継続できなくなる可能性がある。

例えば、センサ部（Aチャンネル）故障、制御部（Bチャンネル）故障およびアクチュエータ部（Aチャンネル）故障というA/Bチャンネル同時故障が発生すると、従来の集中制御方式では制御を継続可能なように制御機能を適切に再構成できず、制御を継続できなくなる可能性が高くなるが、本制御方式では、図２-41に示すとおりデータバスを介して情報の送受信を行うことでセンサ部（Bチャンネル)、制御部（Aチャンネル)、アクチュエータ部（Bチャンネル）による通常制御を継続することが可能となる。これは本研究で構築した分散制御方式の一つの特徴である。

分散制御方式は、従来の集中制御方式では不要であったデータバス送受信に係る通信処理機能を追加するための負荷が増加するが、FADECの機能を複数

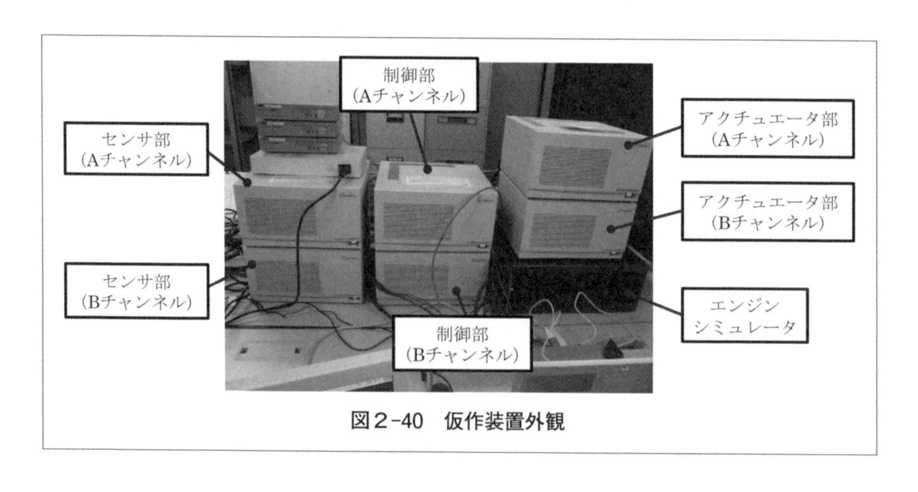

図２-40　仮作装置外観

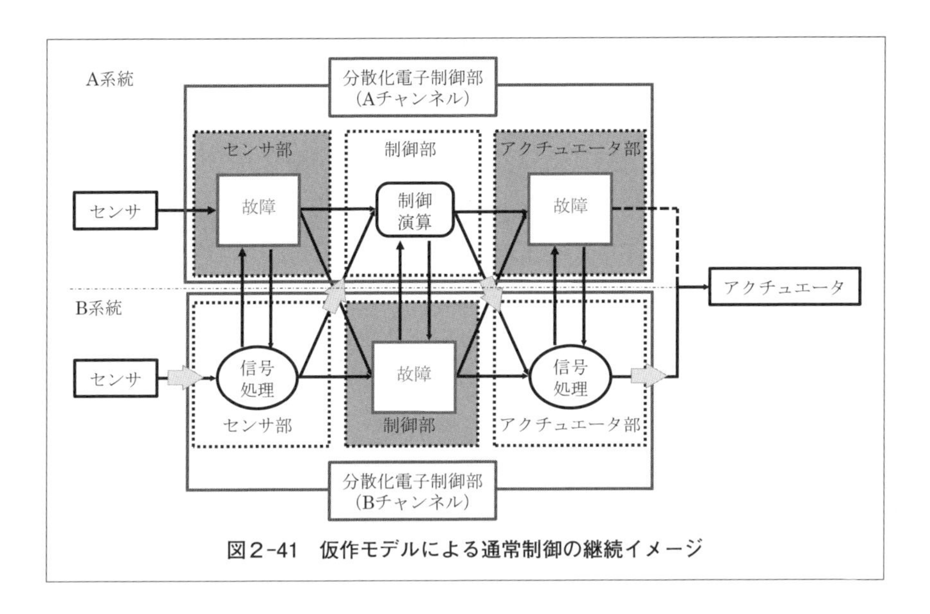

図2-41　仮作モデルによる通常制御の継続イメージ

の制御機器に分散することから、各々の制御機器のCPU（Central Processing Unit：中央処理装置）あたりの負荷を低減することができるため、FADECの高機能化や高性能化に寄与するものと考えられる。分散制御方式におけるデータバス送受信による信号伝達の遅れ（無駄時間）の増加が制御性能に与える影響を確認するため、仮作した分散制御装置によりエンジン加速や減速を行うシミュレーションを行ったところ、従来の集中制御方式と有意な差がないことを確認している。

一方、分散制御方式の実現にあたってはCPUなどの制御演算機能を搭載したセンサやアクチュエータなどをエンジン高温部に配置する必要が生じる。従来のエンジンではFADECの環境温度は、例えば高バイパス比ファンエンジンで約80℃であるが、分散制御方式の場合、エンジンでの配置によるものの、300℃以上の温度環境に対応できる信号処理機能を有したセンサおよびアクチュエータが必要となることも予想される[2-29]。現在では従来のSi（Sillicon：シリコン）よりも高温な環境に対応可能なSiC（Sillicon Carbide：シリコンカーバイド）などを用いた半導体技術の研究が進められており、分散制御方式の実

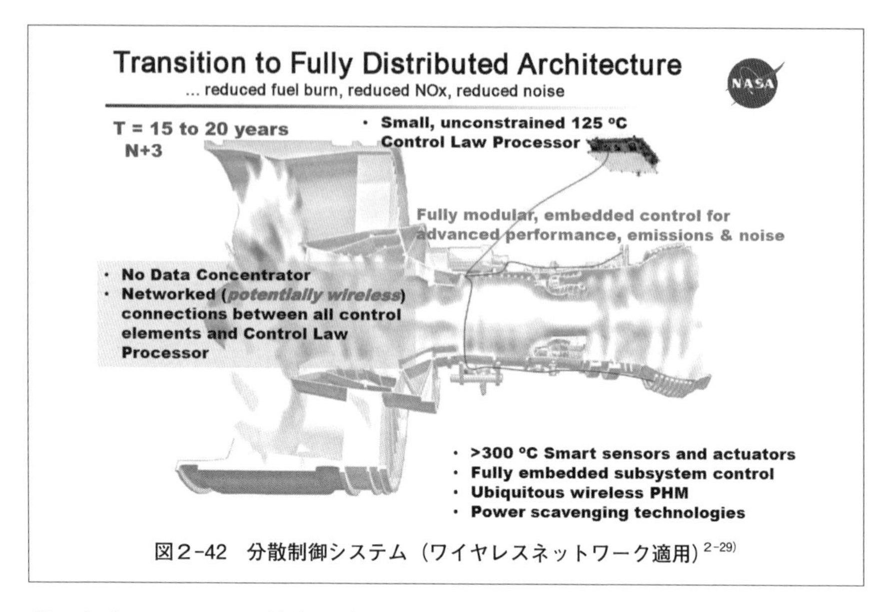

図2-42　分散制御システム（ワイヤレスネットワーク適用）[2-29]

現に向けて、これらの技術の適用が必要になるものと考えられる。

諸外国の動向として、2009年に発表された米国NASA（National Aeronautics and Space Administration：アメリカ航空宇宙局）の研究[2-29]によると、従来の一極集中型FADECから、5～10年後に225℃の環境に耐えられる高速データ通信を適用した部分的な分散化が実現され、さらに10～15年後には300℃の環境に耐えられる高度な計測制御装置が組み込まれたスマートセンサやスマートアクチュエータが実現し、15～20年後（図2-42）はワイヤレスネットワークによって、ハーネス重量を低減した分散制御システムを実現するという展望が述べられている。

3.3　モニタリングシステム

エンジン制御がFADECで実施されるようになると、エンジン異常（エンジンストールや吹き消え、センサ故障などを指す）発生時のデータを電子制御部に記録する機能や高温部品のクリープ寿命等を管理する機能をもたせて、エンジンの健康管理や寿命管理にも用いられるようになった。モニタリングシステムとは、エンジン異常や性能劣化などに関する情報をいち早く察知し、エンジンの状態を監視するシステムをいう。研究事例としては例えば、燃焼器出口などの温度が高すぎてセンサで直接計測することができない状態量に対して、別のセンサで計測した値から推定するために、実際のエンジンと同等な特性を有するエンジンモデルを構築し、そのモデルを用いてエンジンの状態量を推定し、その推定結果を利用して、タービンなどの高温部品の寿命を予測する手法などがある。

諸外国の動向としては、米空軍による将来的な研究ビジョン[2-30]として、地上の器材と衛星等とのオンライン通信により、リアルタイムにエンジンの状態を監視するモニタリングシステムなども公表されている。

防衛省技術研究本部で研究開発を行った固定翼哨戒機用エンジン（F7-10）は、AMT（Accelerated Mission Testing：加速ミッション試験）やACI（Analytical Condition Inspection：実飛行に供したエンジンの調査）で蓄積した膨大なエンジン作動データを活用し、低サイクル疲労寿命や高温部品のクリープ寿命管理、エンジン異常時のデータ記録などの機能を有している。さらに当研究所では、ニューラルネットワークを用いたエンジンの性能劣化推定の研究やエンジンの劣化等による特性変動に対応して最適な性能を追求する制御の研究も実施している。

3.4 電動化

近年、MEA（More Electric Aircraft：航空機電動化）に向けた航空機の電動化に関する研究開発が進められている。航空機用エンジンが生み出すエネルギーは、航空機を飛ばすための推力としてだけでなく①アビオニクスを作動させるための電気②機体の舵面や脚用アクチュエータを駆動するための油圧③エンジン圧縮機からの抽気で機内の空調や防氷装置を作動させること、にも利用されている。MEAの研究はこの推力以外に利用される三つのエネルギーを、

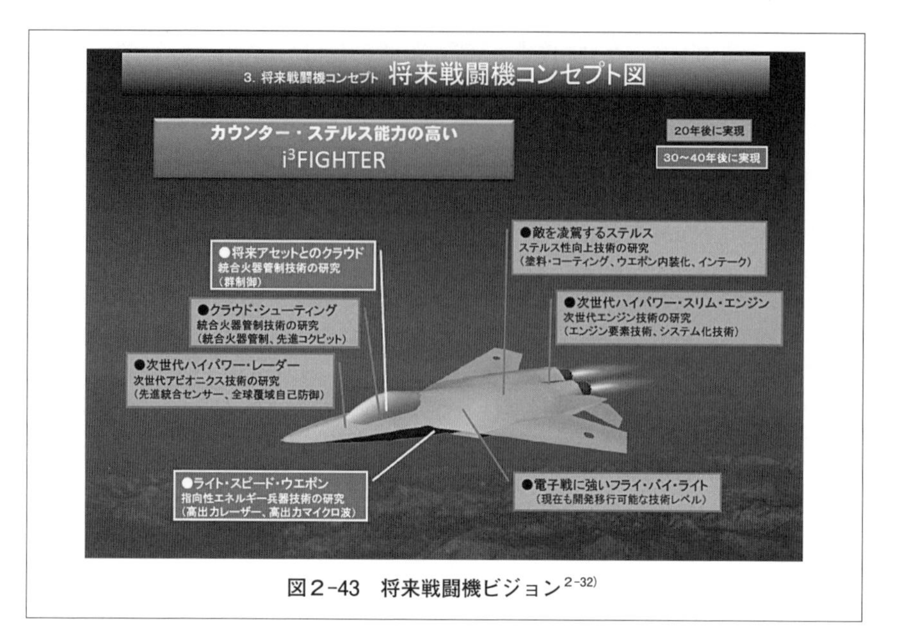

図２-43　将来戦闘機ビジョン[2-32]

すべて電気に変換することによってエネルギー効率および燃料消費率を向上させることを目的として行われている。イギリスNottingham大学の資料[2-31]における試算によると、MEAによってエネルギー効率は約40%向上する。

A380やB787などの民間航空機だけでなく、米国の最新鋭戦闘機F-35が示すように、機体舵面を駆動させる油圧アクチュエータの電動化や電動のエンジン・スタータと発電機を兼ねたスタータ・ジェネレータの採用など、軍用機の電動化も進んでいる。さらに**図２-43**に示すような将来のステルス戦闘機[2-32]は機体のステルス化に伴って、機体システムが発生する熱を排出するための開口部等を設け難くなっており、MEAはエネルギー効率や燃料消費率向上という側面だけでなく、発熱の抑制と効率的排出という課題を解決する手法の一つとしても注目されている。

このようにMEAは航空機システム全体として取り組むことで、燃料消費率の向上や機体全体の効率化に貢献する技術であることから、全機レベルでの研究が進められている。米空軍ではエネルギー最適化航空機の研究としてINVENT

(Integrated Vehicle Energy Technology：米国における技術開発プログラム名称）を、欧州ではPOA（Power Optimized Aircraft：動力最適化航空機）研究プログラムを進めている。

エンジンシステムに関しては、POA[2-33]ではRolls Royce社のTRENT500エンジンをベースとしたリグエンジンからAGB（Accessory Gear Box：補機駆動用ギアボックス）を取り除き、電動化燃料ポンプなどの電動補機に置き換えてのエンジン運転が行われた。ロシアのCIAM（Central Institute of Aviation Motors）[2-34]においても電動補機を用いたエンジン運転を行い、動特性の確認を行っている。航空機用エンジンにおいては、補機を中心とした電動化が徐々に進展するものと考えられる。

3.5．エンジン飛行統合制御（IFPC）

FADECの進歩はエンジン本体の制御だけに留まらず、機体の飛行制御と密接に連携するIFPC（Integrated Flight Propulsion Control：エンジン・飛行統合制御）によって、幅広い飛行を可能にした。例えば推力偏向機能を有する戦闘機の場合、IFPCによりエンジンの推力を直接偏向することにより、機体舵面の効きが低下する低速／高迎角領域での高い運動性を実現できる（図2-44）。

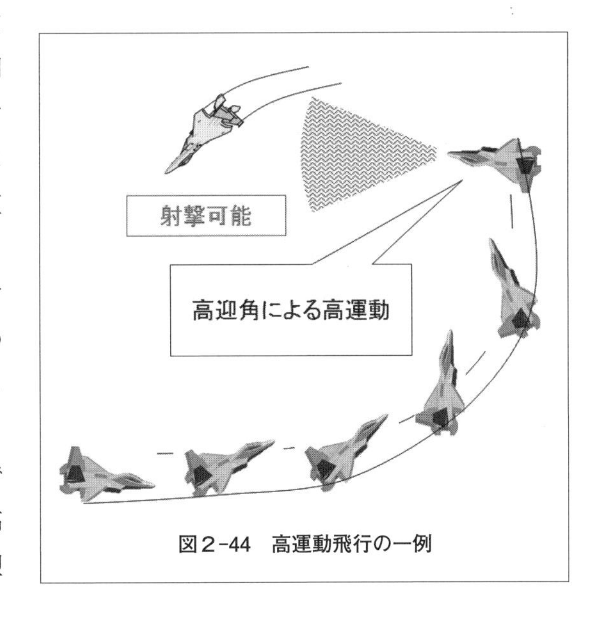

図2-44　高運動飛行の一例

防衛省技術研究本部では、低被観測性および高運動性を兼ね備えた小型

試験の概要

本研究ではIFPC飛行制御に関する成立性の確認等を実施するため、FLCC、ACC、推力偏向パドル及びエンジン等から成る推力偏向機構を試作し、それを用いて、エンジンテストセルにて地上確認試験を行った。

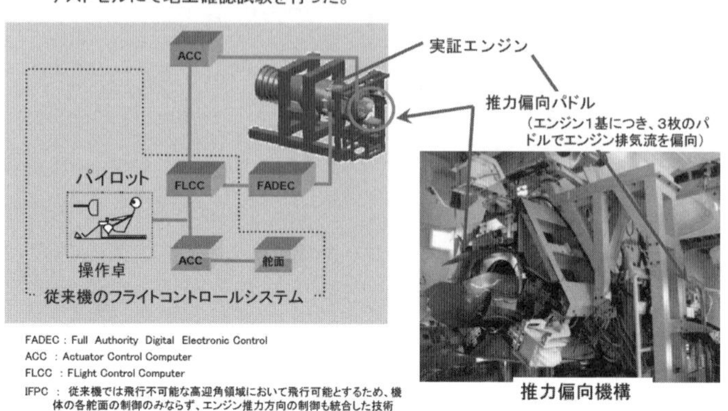

図2-45　高運動飛行制御システムの研究[2-35]

航空機を実現するため、高運動飛行制御システムの研究を実施し、IFPCを適用した高運動飛行制御について検討し、地上確認試験により、その成立性等を確認した（**図2-45**[2-35] および**図2-46**[2-36]）。また平成21年度から、このIFPC等の将来の戦闘機に適用が期待される先進技術について、システム・インテグレーションを図った実験機を試作し、実環境下においてシステムの成立性を確認する先進技術実証機X-2の研究を行っている。先進技術実証機X-2は、エンジンとは別に機体後部に３枚の推力偏向パドルが取り付けられている（**図2-47**）。今後、エンジン推力偏向を活用するIFPCにより、従来の空力舵面では困難な高迎角での運動の飛行実証を行う予定である。

本節では、諸外国とわが国において研究中のFADECを中心とするエンジン制御に関連した主要な将来技術の一部を紹介するとともに、防衛省技術研究本部における技術研究の取り組みについて紹介した。

今後のエンジン制御技術はFADECの性能向上のみならず、モニタリングシ

図2-46　地上確認試験[2-36]

図2-47　先進技術実証機X-2の推力偏向パドル

ステムや制御分散化などを取り入れたFADECの高機能化がますます進展することに加え、エンジン制御およびその構成機器に関する個別研究ではなく、航空機システム全体を見据えた研究が必要になると考えられる。

第3章

誘導武器システム

1. 射撃管制技術

射撃管制技術は、敵の戦闘機やミサイルを迎撃するために、敵に向けて誘導弾を発射し、敵の戦闘機やミサイルのみならず、我の誘導弾も探知・追尾して飛しょう経路を予測し、誘導弾が敵に命中するところ（予想会合点）を計算して誘導弾のシーカが動作するまで誘導する技術である。

なお本節では、ミサイルは敵のミサイル、誘導弾は敵のミサイルを迎撃する我のミサイルという意味で用いる。

1.1 目標の探知から迎撃までの流れ

まず、地対空誘導弾（SAM：Surface to Air Missile）システムにおける目標（敵の航空機やミサイル）の探知から誘導弾による迎撃までの流れを示す。

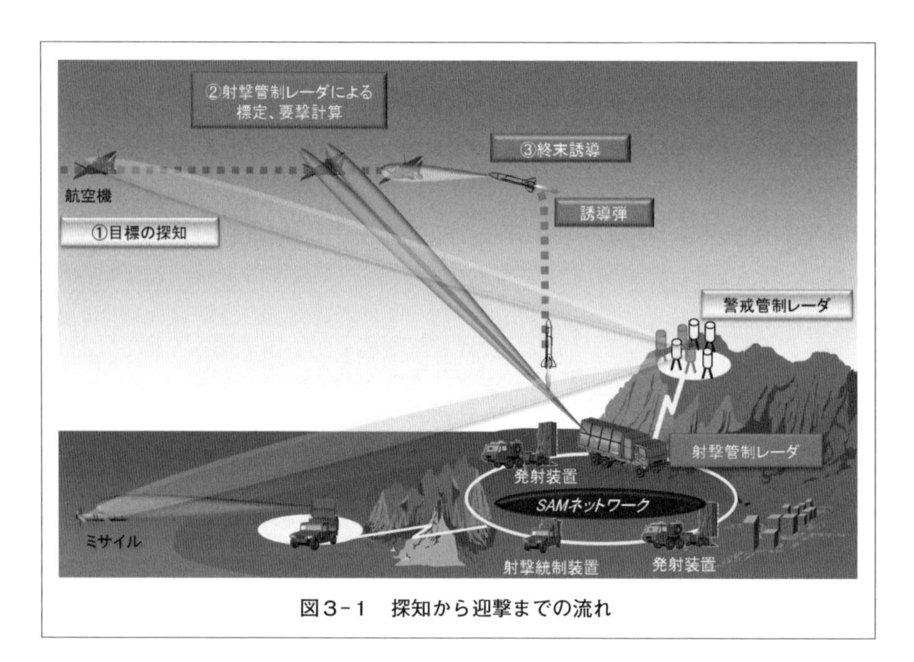

図3－1　探知から迎撃までの流れ

図3-1に示すように、（1）警戒管制レーダにより遠距離から目標を探知し、探知情報はSAMネットワークでつながれた射撃管制レーダ、射撃統制装置、発射装置、誘導弾で構成されるSAMシステムへ送られ、（2）標定や要撃計算を行い、誘導弾を発射・誘導し、（3）誘導弾では自らのシーカを用いて終末誘導を行い、目標を迎撃する。このような3ステップを踏んで目標を迎撃する。以下に各ステップの詳細を記す。

（1）目標の探知

遠方から飛来してくる目標は、はじめに警戒管制レーダで探知される。その探知情報は通信網を経由してSAMシステムに送られ、先見情報として活用される。

（2）射撃管制レーダによる標定、要撃計算

SAMシステムでは、射撃統制装置が射撃管制レーダ、発射装置を統制し、射撃管制レーダに目標の捜索を指示する。このとき警戒管制レーダの情報を基に、射撃管制レーダは目標を捜索する。目標が射撃管制レーダの覆域まで近づき、射撃管制レーダが目標を探知すると敵味方の識別や目標の類別を行い、追尾を開始する。目標の位置や速度等の目標情報は射撃統制装置に送られ、目標の経路を予測し、発射装置の位置や誘導弾の性能等を加えて予想会合点を予測する。誘導弾がこの予想会合点に到達できるタイミングを見計らって、発射装置から会合点へ向けて誘導弾を発射する。誘導弾発射後も射撃管制レーダは引き続き目標の追尾を行い、射撃統制装置において目標の状況に応じて予想会合点を修正する。無線通信により誘導弾へ情報を送り、誘導弾のシーカが目標を捕捉可能な距離まで誘導する。

（3）終末誘導

射撃管制レーダにより目標近くまで誘導された誘導弾は、自らのシーカを動作させ、シーカで捕らえた目標情報を基に追尾を行い、自らを飛行制御して予

想会合点へ向けて飛しょうし、目標を迎撃する。

1.2　射撃管制技術の課題

誘導弾システムの目的は目標に誘導弾を命中させることであり、目標の位置を正確に把握して未来予測をして、予想会合点がいかに実態に合致するのかが重要である。

そのためには誤差を含んだ追尾データから、ばたつきの少ない航跡を求める平滑計算､目標がどのように飛しょうしているかを推定する運動モデルの推定、正確な位置標定・追尾、多目標対処能力、機数判定、脅威度判定、射撃の優先順位付けや使用する発射装置の選定（武器の割当）等が課題となる。

特に目標がステルス化された場合、レーダで受信する反射波が微弱となるため、射撃用レーダの探知距離が縮小するとともに、追尾を維持し、標定精度を確保することが困難となる。このような課題を解決するため、航空装備研究所の誘導管制研究室では将来射撃管制レーダの構成要素の研究試作（以下、「本研究試作」という）を行い研究を実施している[3-1、2)]。

1.3　将来射撃管制レーダ構成要素の研究試作

図3-2のような構想を打ち立て、ステルス機、高速ASM（Air to Surface Missile）および極低高度で飛しょうするCM（Cruise Missile）等の将来の経空脅威への対処を可能とするSAMの射撃管制レーダに関する研究を実施している。

本研究試作は**図3-3**に示すように空中線部､操作制御部､レーダ信号処理部､レーダリソース制御部等で構成されており、空中線部には後に示すブロック型空中線を用い、レーダ信号処理部、レーダリソース制御部、操作卓等を操作制御部のシェルタに搭載する。空中線部は、３種類のアンテナを準備し、送受信用のアンテナを１式、受信専用のアンテナを２式とし、これらを組み合わせて

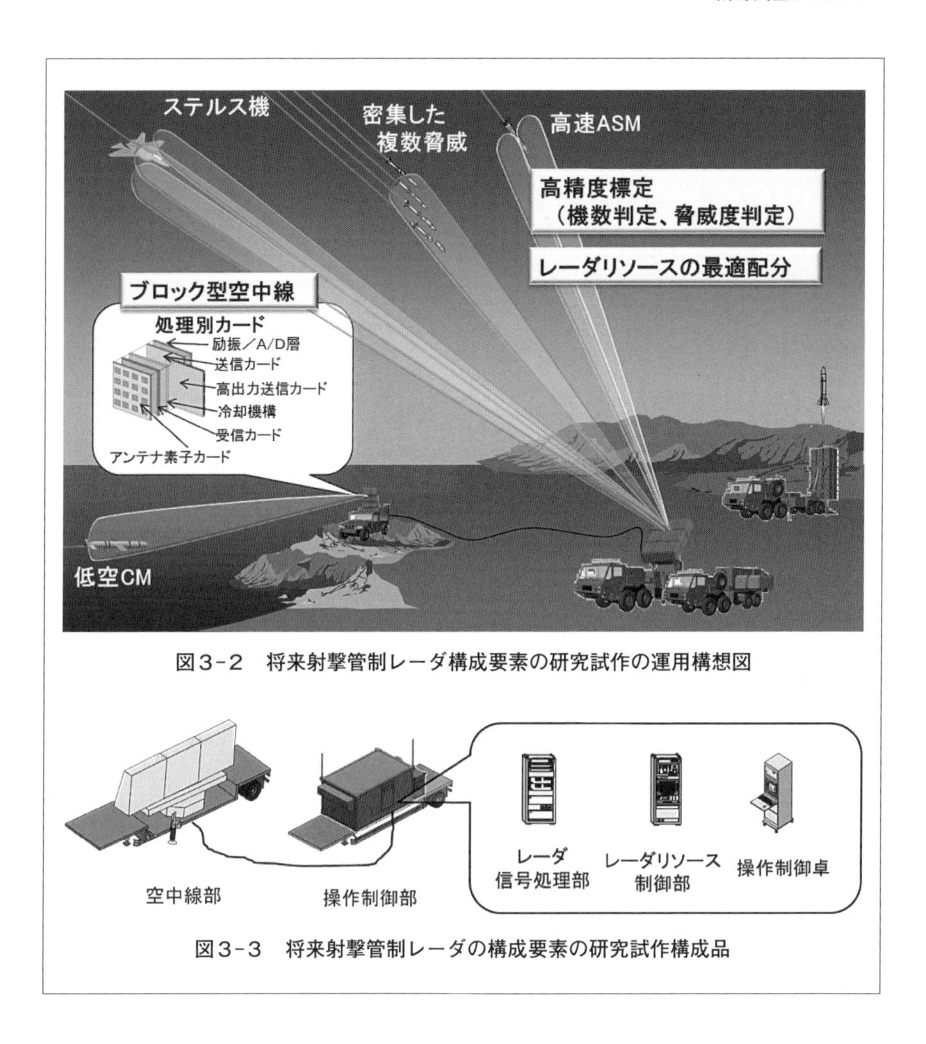

図３-２　将来射撃管制レーダ構成要素の研究試作の運用構想図

図３-３　将来射撃管制レーダの構成要素の研究試作構成品

レーダを構成する。

フェーズド・アレイ・レーダにおいては、送信部分およびその冷却に関わるコストが高く、送信部分を減らしてその分を受信で補うことによりコストの低減を図っており、近年ではこの手法が多く採用されている。受信専用のうち１式は低雑音化して探知距離の延伸を目指す。このような構成品を用いて次の三つの技術的課題を解明すべく研究を進めている。

（1）ブロック型空中線技術

従来の送受信モジュールは、一つのアンテナに対して一つの送受信モジュールを接続するような構成であった。送受信モジュール内の干渉等を低減する技術により、複数の送受信モジュールを一つに集約できるようになった。これにより送受信モジュールのカバーの削減や各種部品を一つでまかなえるようになり、レーダ装置の小型・軽量化が一気に進んだ。

本研究ではこの方向性をさらに発展させて、今まで1枚のボード上に混在していた電波放射／受信、受信処理機能、送信機能、冷却機能、A/D変換機能というような部品を、**図3-4**に示すように機能ごとに分けてカードに実装して多層構造としたブロック型とする。特に発熱が多い部品（図では送信機能）は1枚のカードに集約し、このカードを集中的に冷却することで冷却効率を向上させて省エネ化を実現する。この方式では機能向上する際や故障した場合、当該カードを交換するだけで対応できる見込みである。

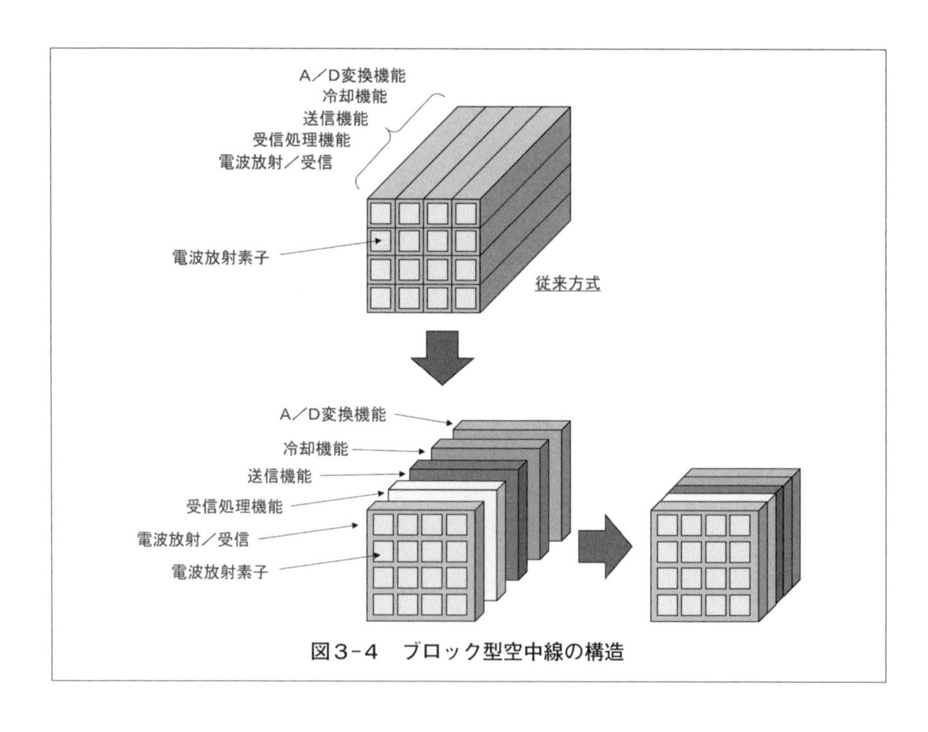

図3-4　ブロック型空中線の構造

(2) レーダリソースの最適配分技術

レーダはパルスを照射し、目標から反射してくるまでの時間を計測して距離を測定している。探知距離を伸ばしたい場合、パルスを複数照射して受信時に加算することで受信電力を等価的に増加させている。通常、このときのパルス数は目標のRCS (Radar Cross Section) に関係なく照射しており、RCSが大きい目標に対しては過剰にパルスを照射していることになる。

そこで、**図3-5**のようにRCSが大きくよく見える目標に対しては照射するパルスの数を減らし、その分をRCSが小さくよく見えない目標に振り分けることで、捜索する周期や範囲を変えずにステルス機に対する探知距離を延伸することがレーダリソース最適配分技術である。

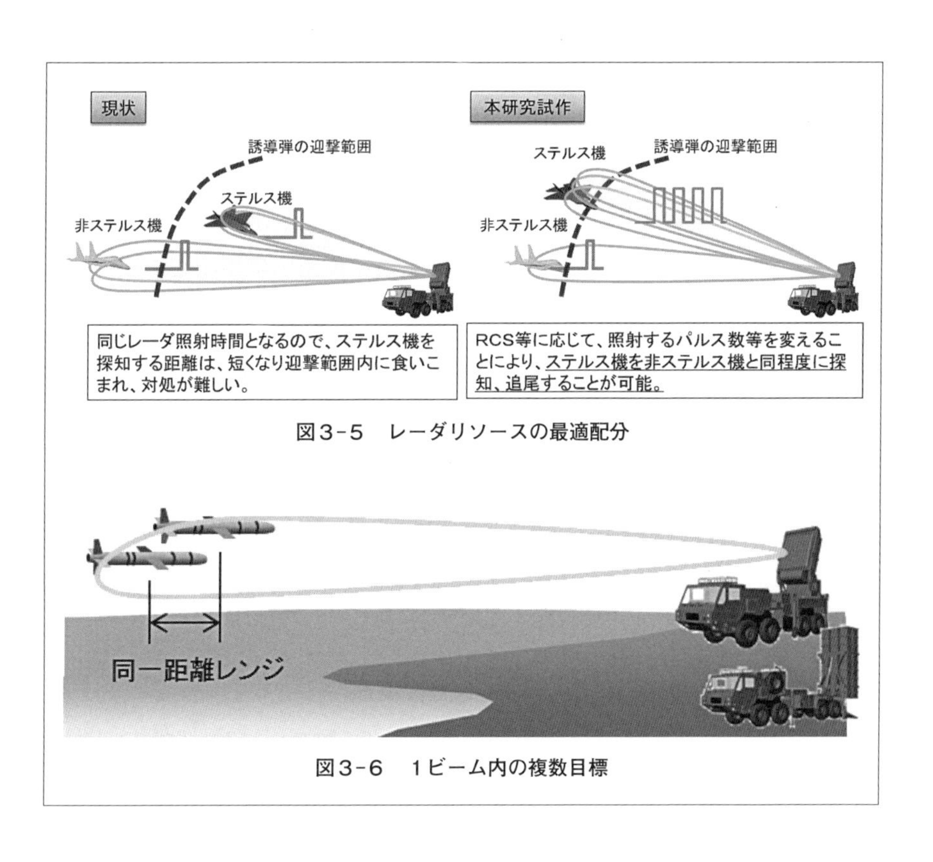

図3-5 レーダリソースの最適配分

図3-6 1ビーム内の複数目標

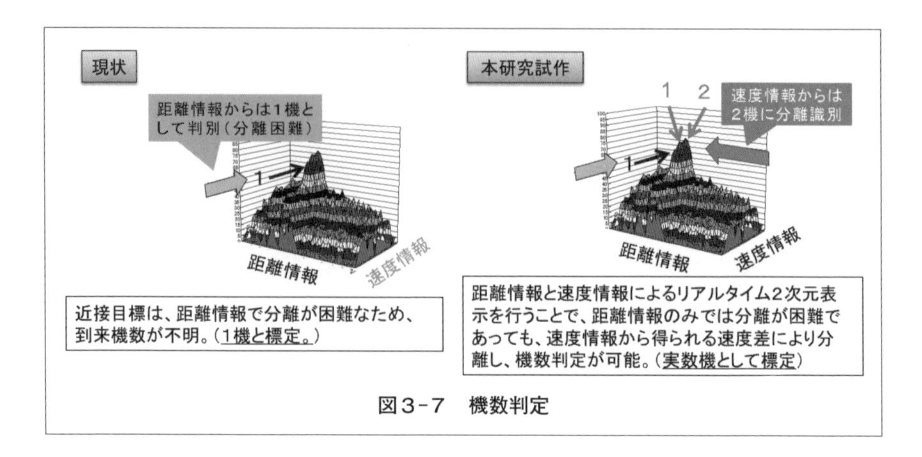

図3-7　機数判定

(3) 高精度標定技術

高精度標定技術として、機数判定を行う。**図3-6**のように1ビーム内に複数の目標が同じような位置に存在する場合、**図3-7**のように距離情報だけで機数判定を行うと機数を正確に判定することは難しいが、速度情報も用いて機数判定精度の向上を図る。

1.4　将来の射撃管制

将来のSAMシステムでは自らの射撃管制レーダの覆域外の目標に対して、他のSAMシステムの射撃管制レーダ等の外部センサと連携することにより、誘導弾の射撃が可能となる。これらはLORやEOR[3-3]といわれ、他のセンサはSAMシステムより前方に配置することによりその効果が得られる。

(1) LOR (Launch on Remote)

LORの概念図を**図3-8**に示す。

① まずはじめに他センサで探知した目標情報はSAMシステムへ送る。

② 情報提供を受けたSAMシステムにおいて、提供情報を基に要撃計算を行い、誘導弾を発射する。

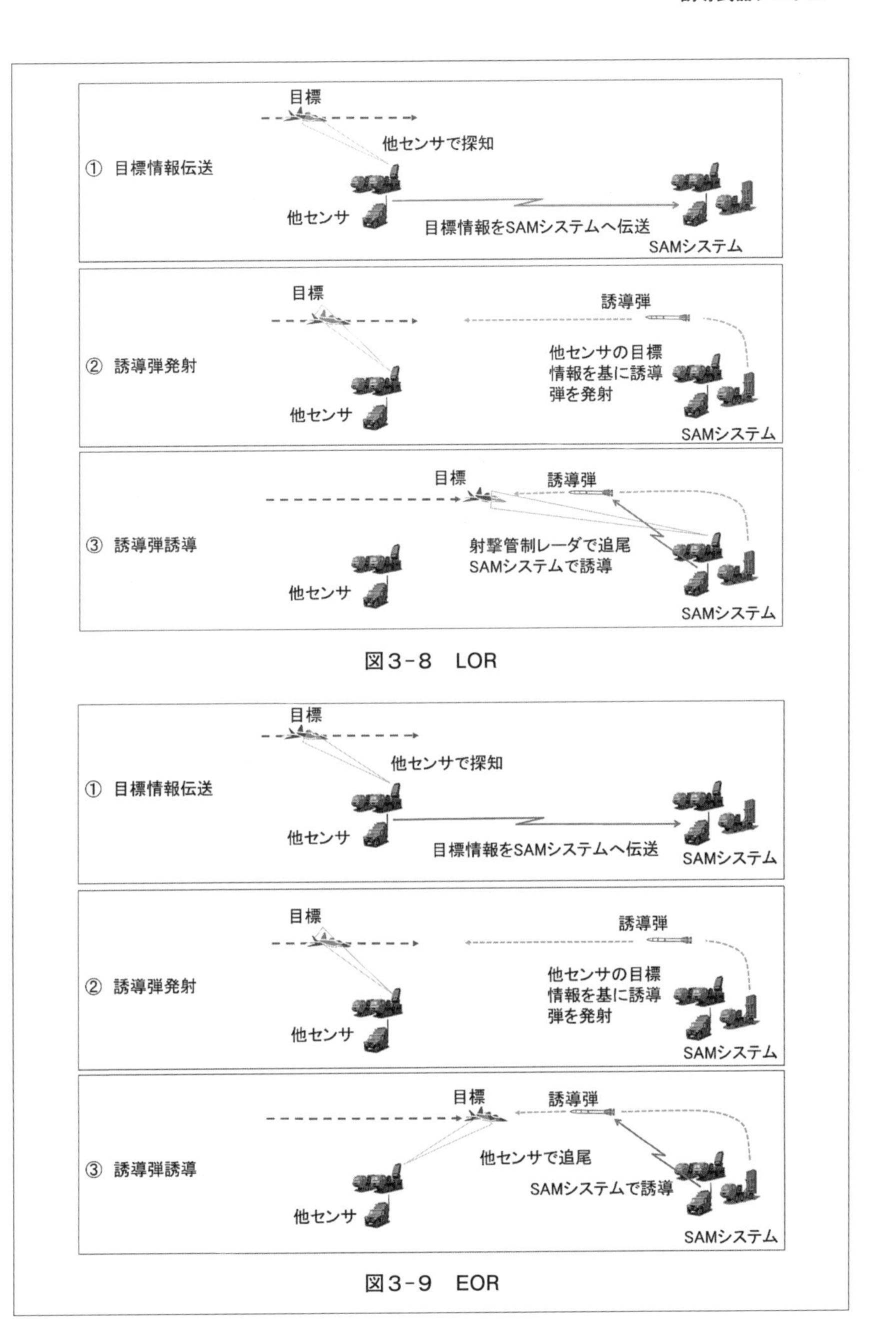

図3-8　LOR

図3-9　EOR

③ 目標がSAMシステムの覆域の射撃管制レーダに侵入したら、射撃管制レーダを目標に向けて追尾を行い、射撃管制レーダのデータを用いて要撃計算を行い、誘導弾を誘導する。

(2) EOR (Engage on Remote)

EORの概念図を**図3-9**に示す。

① まずはじめに他センサで探知した目標情報はSAMシステムへ送る。

② 情報提供を受けたSAMシステムにおいて、提供情報を基に要撃計算を行い、誘導弾を発射する。

③ 引き続き他センサが目標を追尾し、SAMシステムでは他センサの情報を基に要撃計算を行い、誘導弾を誘導する。

EORの場合、射撃を行うSAMシステムはレーダの照射を行わないため、SAMシステムの被探知性が下がるメリットがある。

図3-10 ネットワーク射撃

これらを発展させ、すべてのセンサをネットワークでつなげ、このセンサのうち目標を探知したセンサの情報を用いて射撃を行い、誘導する方法が考えられている。イメージは**図3-10**のようになる。射撃管制レーダの覆域を超える広範囲をカバーでき、早い段階から誘導弾を発射してステルス化、長射程化、高速化するミサイルや航空機に対応できると期待されている。

一方、射撃管制レーダは単体での使用がなくなるわけではない。SAM用の射撃管制レーダにおいては、防護すべき拠点への移動が不可欠である。そのため車両搭載という制約の下、探知距離延伸のために送信電力の増加のみならず、受信装置の低温化や超伝導による受信感度の向上の実用化、送信アンテナを搭載した複数の車両のアンテナを合成して等価的に一つの大きなアンテナとする方法等、新たな手法を取り入れて性能向上していく必要がある。

射撃管制技術として目標の探知から迎撃までの流れ、射撃管制技術の課題、当研究室で実施している将来射撃管制レーダ構成要素の研究試作、将来の射撃管制について紹介した。誘導弾の能力からみると、車載搭載の制約からSAMシステムの射撃管制レーダの性能は十分とはいえない。今後ネットワークを組んだシステム化や新たな手法を創出して射撃可能範囲を広げることが必要である。

2. 誘導制御技術

ミサイルとロケット弾、砲弾、銃弾との違いは、発射した後に使用者が意図的に飛んでいるときの経路を変えることができるということがあげられる（近年、発射後に飛行経路を変更できるロケット弾や砲弾も見受けられるが、本節の説明では除外する）。そこで、ミサイルに関する技術の始めとして、誘導制御技術つまりミサイルをどのように目標に飛行させるのか、について説明する。

2.1 ミサイルの誘導方式

ミサイルの飛行する経路を決めるために、使用目的に応じてさまざまな誘導方式があり、主なものとして、プログラム誘導方式、指令誘導方式、ホーミング誘導方式および、それらを複合したものがある。

(1) プログラム誘導方式

プログラム誘導方式は、発射前にミサイルの飛行する経路をあらかじめ設定してあり、その経路上を飛行する誘導方式である。プログラム誘導方式は、ミサイルが自分の飛行経路を確認する方法で分けられ、慣性誘導方式、地形照合誘導方式、衛星測位誘導方式等がある。本誘導方式はあらかじめ決められている飛行経路で目的まで到達するため、目標としては、あらかじめ位置が分かっている都市、港湾、飛行場等の軍事拠点を含む戦略目標やミサイルが飛行中に移動することのない固定の目標（例えば、陣地、指揮所等）に対して主として使用される。

㋐ 慣性誘導方式

慣性誘導方式では、ミサイルの加速度、角速度をミサイルに搭載している加速度計およびジャイロで検知し、それらを積分して飛行経路を算出し、あらかじめ設定された経路とのずれを修正して飛行する。慣性誘導方式は、V２やスカッド等の弾道ミサイルに適用されている。使用されるセンサは、求められる計測精度により、サーボ型加速度計やリングレーザジャイロを使用した高精度ではあるが大型なものやMEMS（Micro Electro Mechanical Systems）センサを用いた精度は劣るものの小型で安価なものまである

⑴ 地形照合方式

地形照合方式では、ミサイルから電波で地形の凹凸等を計測して、ミサイルがもつ地図（等高線）情報と照合して飛行する。地形照合方式は長距離を低高度で飛行するトマホーク等の巡航ミサイルに適用されている。ただし、事前に設定される目標や飛行経路を変更する場合、地図情報を新たに設定し直すか、選択できる複数の地図情報を事前に記憶している必要がある。

⑵ 衛星測位誘導方式

衛星測位誘導方式は、人工衛星との位置関係を利用してミサイルの飛行経路を算出する誘導方式で、米国が構築し、運用している全地球規模の衛星測位システムGPS（Global Positioning System）測位衛星からの信号を受信する方式が一般的となっている（GPSが一般的となる以前には、恒星の方角を飛しょう中に観測して自身の位置を計測する、かつて航海で使用されていたのと同様の天測誘導方式が弾道ミサイル等の誘導に用いられていた）。米国が現在運用中のGPSの他にも、ロシアでは独自のGLONASSが運用中[3-4]であり、欧州ではGalileo[3-5]、中国ではCompass[3-6]が運用準備（もしくは部分運用）中である。原理的にはGPSカーナビと同様に、四つ以上の衛星からの電波を受信することで各人工衛星との距離を算出して、その交点にあるミサイルの３次元位置と時間を割り出し、事前に設定した経路とのずれを修正して飛行する。本方式の弱点としては測位衛星からの電波を受信できないような条件では使用できないことにあり、例えば、電子妨害環境下や山岳地等の地形が障害となる場所での使用は著しく計測精度を低下させる要因となる〔わが国では、山岳等地形や都市部の建物が高度の低いGPS衛星の電波を受信する際に障害となるため、航空機等の航法に関する対策として、数機の測位衛星をわが国上空の高仰角軌道に周回させる、準天頂衛星（初号機「みちびき」は技術実証試験が終了し、維持運

用中)を用いることが計画されており、今後、防衛用途への適用も考えられる[3-7]]。

また慣性誘導方式では長時間、長距離の飛行となる場合には飛行経路の誤差が蓄積し増大する欠点、地形照合方式では等高線情報を利用するため長時間の洋上飛行には適さない欠点があるが、衛星測位と複合させてそれを補う手法が採られている。慣性誘導と複合させる場合、誤差の補正方法として天測（測位衛星）情報を用いて飛行中に位置情報等を取得して、飛行経路の誤差を解消（リセット）させる方式等がある。慣性誘導と衛星測位を併用するにあたっては、衛星測位で得られた位置情報ではなく、衛星からの受信信号からカルマンフィルタを用いて慣性センサ誤差を推定し除去する方式も用いられている[3-8]。

（2）指令誘導方式

次に、指令誘導方式であるが、地上レーダや航空機レーダ等の他システムが得た目標に関する情報から導出した誘導信号をミサイルに無線（電波）もしくは有線で送信して、飛行中にその経路を変更する方式である。目標を捕そくするためのシーカや、誘導演算を行う装置をミサイルに搭載する必要がなく、大型で高性能なレーダや誘導演算装置を繰り返し使用できる利点がある。しかし、地上レーダ等他システムとミサイルの通信が確保される必要があることから、無線で送信する場合には電子妨害に対して脆弱となってしまうこと、地上レーダ等他システムの遠方から情報のみでミサイルを目標に誘導するには精度に限度があること、有線で送信する場合にはミサイルと指令装置の間の距離に制限を受けること、ならびに誘導演算装置等も近年の技術革新により小型化・高性能化・低価格化が図られていて本方式の利点が小さくなっていることから、近年では本誘導方式が単独で使用されるだけではなく、後述するホーミング誘導他の方式と複合した場合の射撃管制としても使用されている（ホーミング誘導開始前の中間誘導点の指令に使用される)。

（3）ホーミング誘導方式

ホーミング誘導方式は目標からの信号を得て、それを追いかけるように飛しょうする方式で、信号に使用する媒体は電波、光波（可視、赤外線）、レーザ等がある。また目標、ミサイル、他システムのいずれが信号を発するかによって分類され、目標が自ら発する信号をミサイルが追いかけるパッシブホーミング誘導方式、ミサイルから目標に信号を照射してその反射信号を追いかけるアクティブホーミング誘導方式、信号を地上レーダ、航空機等の他のシステムが目標に照射した反射信号をミサイルで受信して追いかけるセミアクティブホーミング誘導方式がある。

媒体に電波を使用する場合には、大気による減衰が少なく多方向に拡散させて使用できることから、長距離かつ広範囲でも目標を探知できるので、パッシブホーミング誘導方式、アクティブホーミング誘導方式、セミアクティブホーミング誘導方式いずれにも使用される。このうち、パッシブホーミング誘導方式は主として電波の発信源である、レーダサイト、艦船、管制機に対して使用され、セミアクティブホーミング誘導方式、アクティブホーミング誘導方式は航空機、艦船、車両等さまざまな目標に対して使用される。セミアクティブホーミング誘導方式では発射母機等からの高出力のレーダ信号が使用できる利点があるが、アクティブホーミング誘導方式では発射母機等は目標にレーダ波を照射し続ける必要はなく、ミサイル発射後に回避行動に移行できる利点がある。前者の例ではスパローが、後者の例ではAMRAAM（Advanced Medium-Range Air-to-Air Missile）がある。

媒体に光波（可視、赤外線）を使用する場合には、大気による減衰が大きいことから、パッシブホーミング誘導方式のみに使用される。赤外線ホーミング誘導方式は赤外線を放射する熱源となる車両、航空機等に対して使用される。レーザの場合は収束性・指向性に優れていることから、アクティブホーミング誘導方式、セミアクティブホーミング誘導方式に使用される。

ホーミング誘導で目標に近づく経路の取り方として、次の単純追跡、一定目視線指令航法（比例航法）のような航法がある。

(ア) 単純追跡航法（**図3-11**）

この航法は、ミサイルが目標に近づくに当たって、目標が見える方向（目視線方向）に飛行していく航法である。ミサイルは単に目視線方向に飛行するよう誘導すればよいだけなので、誘導演算は単純ではあるが、ミサイルと目標の相対的な位置関係や目標の運動によっては目標に近づくにつれ移動距離に対する見越し角が大きくなることから大きな機動を要求される場合もある。

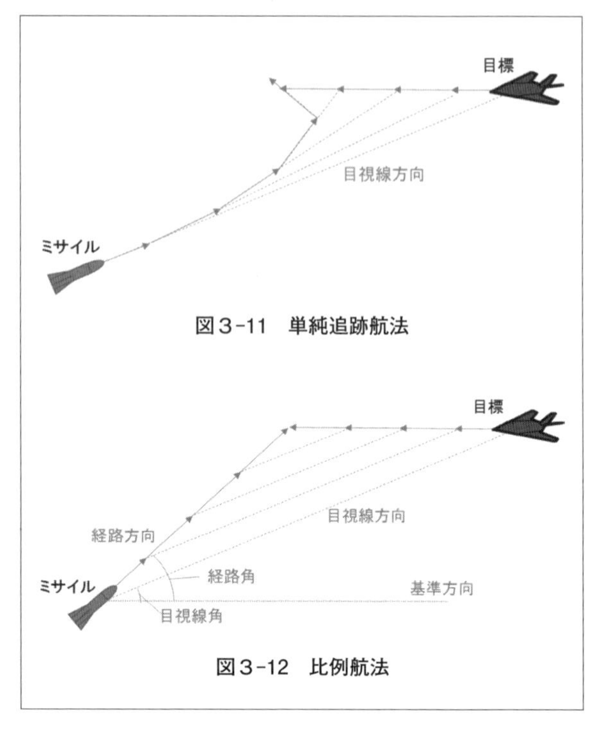

図3-11　単純追跡航法

図3-12　比例航法

⑴　一定目視線航法（比例航法）（**図3-12**）

一定目視線航法は、ミサイルが目標に近づくにあたって、一定の目視線方向を保って飛行していく航法である。このうち比例航法は、ミサイルと目標が会合三角形に乗るように目視線方向を保ちながら飛行していく航法である。比例航法ではミサイルを誘導中に目標を安定的に追尾できていれば大きな機動を取ることなく、会合に至ることができる。誘導の初期には目標との目視線角（目視線方向と基準方向のなす角）に誤差を含んでいるが、目標に接近する中で誤差は収束し、会合三角形が形成されることとなる。目標が機動する場合も、目視線角の変化率にミサイルの経路角（経路方向と基準方向のなす角）の変化率を比例させて会合三角形が形成できるように飛行する。目標が大きく機動する場合には、目標の機動情報を用いてより少ない飛しょう経路変更で命中させることができる増強型比例航法という方式もある[3-9]。

(4) 複合誘導方式

複合誘導方式には、ミサイルの誘導の各段階において最適な方式を選択しているものや、誘導方式を組み合わせて同時に使用するものがある。

前者の例では、空対空ミサイルが発射された後、発射母機がレーダで捉えている情報を基にした誘導信号による指令誘導で飛行して、目標となる航空機に近づいて（ミサイルのシーカは航空機のレーダに比べ探知距離が短い）ミサイルのシーカで目標を捉えた後にはアクティブホーミング誘導に移行するものや、ハープーン等の対艦ミサイルが発射された後、事前に設定された経路をプログラム誘導で飛行し、目標となる艦船に近づくまで指令誘導にて指定されたポイントを通過して、ミサイルのシーカで目標を捉えた後にはアクティブホーミング誘導に移行するもの等がある。誘導段階で最適な誘導方式を採用しているため、欠点はおおむね克服されているものの、それぞれの誘導方式に応じた器材の搭載が必要となる（例えば、アクティブホーミング用電波シーカ、誘導演算装置、誘導指令受信装置、慣性装置等の搭載が必要となる）。

後者の例では、パトリオットミサイル等で採用されているTVM（Track Via Missile）[3-10] 方式や画像誘導方式がある。TVM方式はセミアクティブ電波誘導方式と指令誘導方式の複合で、地上レーダから送信し目標から反射した電波をミサイルのシーカで受信し、その情報を地上レーダにダウンリンクし、地上システムで誘導計算を行ってその結果の誘導指令をミサイルに送信する。画像誘導方式はパッシブホーミング可視光波誘導方式と指令誘導方式の複合で、ミサイルに取り付けられたカメラで取得した画像を電波でダウンリンクもしくはミサイルが牽引する光ファイバを経由して地上装置に送信し、地上装置を射手が画像を見ながら操作して、その情報がミサイルに戻されて誘導される。各誘導方式を組み合わせて使用するため、それぞれの利点、欠点を兼ね備えることとなる。誘導方式の分類を次の**表3-1**にまとめた。

表3-1　ミサイルの誘導方式

<table>
<tr><th colspan="3">方式</th><th>主な適用例</th></tr>
<tr><td rowspan="3">プログラム誘導</td><td colspan="2">慣性誘導</td><td>弾道ミサイル</td></tr>
<tr><td colspan="2">地形照合</td><td>巡航ミサイル</td></tr>
<tr><td colspan="2">衛星測位誘導</td><td>単独もしくは上記誘導と複合させて、弾道ミサイル、巡航ミサイル等</td></tr>
<tr><td rowspan="2">指令誘導</td><td colspan="2">無線指令誘導</td><td>対空ミサイル</td></tr>
<tr><td colspan="2">有線指令誘導</td><td>対戦車ミサイル</td></tr>
<tr><td rowspan="5">ホーミング誘導</td><td rowspan="3">電波ホーミング誘導</td><td>パッシブ電波ホーミング誘導</td><td>対電波源ミサイル</td></tr>
<tr><td>セミアクティブ電波ホーミング誘導</td><td>空対空ミサイル</td></tr>
<tr><td>アクティブ電波ホーミング誘導</td><td>対空ミサイル、対艦ミサイル</td></tr>
<tr><td>光波（赤外線）ホーミング誘導</td><td>パッシブ光波（赤外線）ホーミング誘導</td><td>対空ミサイル、対戦車ミサイル</td></tr>
<tr><td>レーザホーミング誘導</td><td>セミアクティブレーザホーミング誘導</td><td>対戦車ミサイル</td></tr>
<tr><td rowspan="2">複合誘導</td><td colspan="2">誘導の各段階に応じて、方式を複合</td><td>対空ミサイル
対艦ミサイル</td></tr>
<tr><td colspan="2">誘導方式を組み合わせて使用</td><td>対空ミサイル（TVM）
画像誘導ミサイル</td></tr>
</table>

2.2　最新のトピックス（ステルス目標対処の誘導方式）

近年の話題として、目標からの電波の反射を低減させてミサイルから検知されにくくするステルス技術の進展が見られ、当該技術は航空機や艦船等に適用されている。電波ホーミング誘導方式で目標からの反射電波を利用して目標のいる方向を探知し、目視線情報を用いて比例航法等で目標を追尾飛行していくのであるが、相手がステルス目標の場合、目標からの反射信号の強度が小さいため、より近づかないと探知ができない。これにより、ミサイルが目標を探知した後に追尾のために使用できる時間が短くなり、加えて追尾している際も目標からの反射信号が弱い状況となる。すなわち、従来の目視線角の情報を使用して目標を追尾する場合、追尾が安定しない状況では目視線方向に誤差が生じ

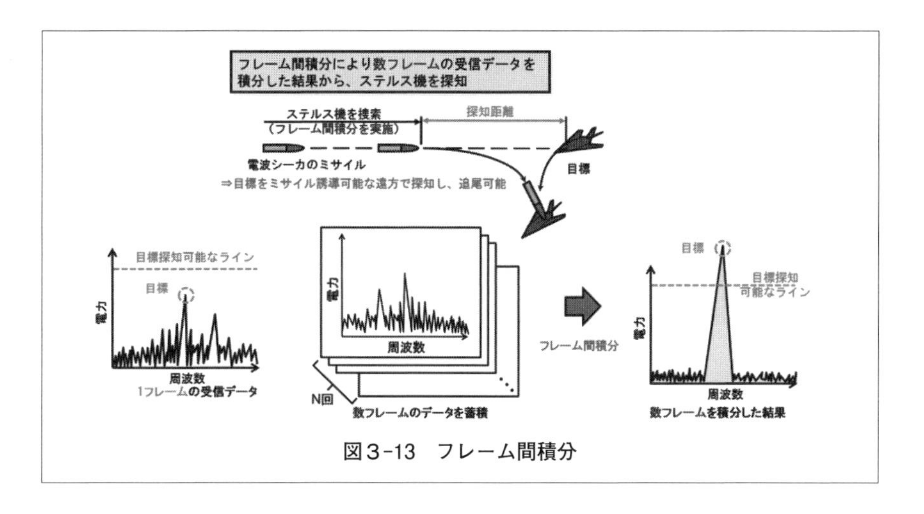

図3-13　フレーム間積分

ることから安定して追尾を行うことができず、誘導時間も短くなっていることから、会合直前まで距離が近づいても目視線角の誤差を収束させる誘導を行う時間が不足することとなる。このため、ステルス目標をできるだけ遠方で探知し、短い誘導時間でも会合に至る最適化された追尾経路をとる誘導を行う技術が研究されている。

ステルス目標をできるだけ遠方で探知するために、目標からの信号の強度を増す方法として、フレーム間積分方式があげられる。この方式では１フレーム（１回のデータ取得に相当）の情報では探知が困難な目標に対して、複数フレーム分のデータを積分して目標情報のみの電力強度を増す方式である。複数フレームのデータを積分する際に、目標の運動を考慮して周波数成分の積分方法を工夫することで目標信号のみの電力強度を探知可能なレベルまで引き上げることが可能となる（**図3-13**）。

追尾時間が短く、追尾状況が安定しない中で追尾経路を最適化する方式としては、予測型最適制御があげられる。予測型最適誘導は目標の近い将来の飛行経路を推定し、その予測結果を用いて、リアルタイムで逐次繰り返し最適化問題を解くことで、より短い時間で高精度に目標に近づく経路を算出し、目標に接近することが可能となる（**図3-14**）。

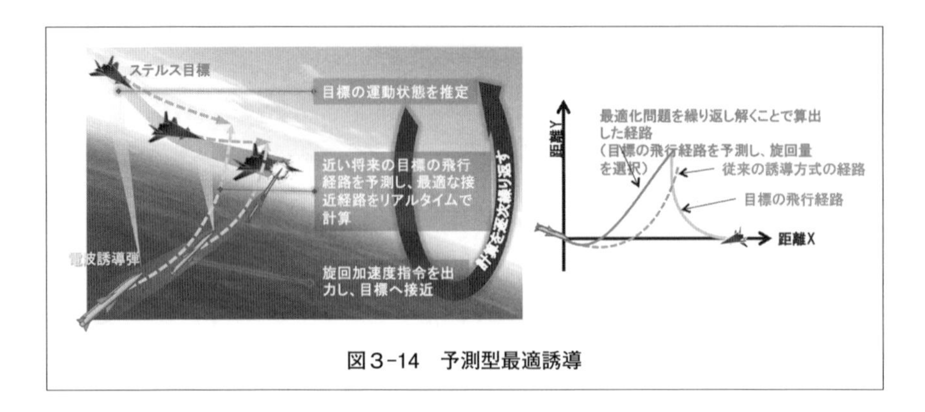

図3-14　予測型最適誘導

上記の手法には従来よりも大容量のデータを高速演算する必要があり、当該技術を実現するためには高速演算プロセッサおよび大規模メモリをミサイルに搭載することが求められることから、将来的にはプロセッサの高性能化等に伴う本技術の進展とステルス目標のさらなるRCS低減、高機動化との競争になってくことが予想される。

3．飛しょう体制御技術

最近、ニュース等で飛しょうしているミサイルが、構造物などの目標に命中している映像を目にすることが多くなっている。これらのメディアで見られるような映像では、命中しているところよりも目標に命中するまでのミサイルが飛しょうしている所に注目してもらいたい。この時ミサイルは、目標に命中させるために自身で判断し、時間の経過とともに方向を変えて飛しょうしている。

この方向を変える行為を操舵と呼んでいて、簡単に言うと舵を切ることなのであるが、ここでは、これら操舵に関する技術を主に飛しょう体制御技術として紹介する。

3.1　ミサイルの制御

ミサイルを目標に到達させるための誘導方式については、前項で紹介したとおりだが、目標にミサイルを誘導するためにミサイルの機体を目標方向に近づけていく行為が必要となる。これを飛しょう体制御または、ミサイル制御と呼んでいる。身近な一例として西側各国にて使用されている戦術ミサイルである**図3-15**のAIM-120AMRAAM（Advanced Medium-Range Air-to-Air Missile）（以下「AMRAAM」という）を用いて説明する。

AMRAAMは米国の中射程空対空誘導弾であり、F-15、F-16、F-18、F-22などの戦闘機に搭載されて広く使用されている。AMRAAMの簡単な構成を**図3-16**に示す。このミサイルは、先端部にシーカ（ホーミングシーカ）と呼ばれる目標を発見し追尾するセンサ装置を搭載している。AMRAAMでは電波のセンサ装置を搭載し、センサ装置が出す電波を目標に当てて目標から反射される電波を受信することにより目標を捕らえている。

誘導制御部はシーカの後方に位置し、シーカが目標を捕らえて認識することにより得られる電気信号や、誘導制御部内にある慣性装置の位置情報の信号を

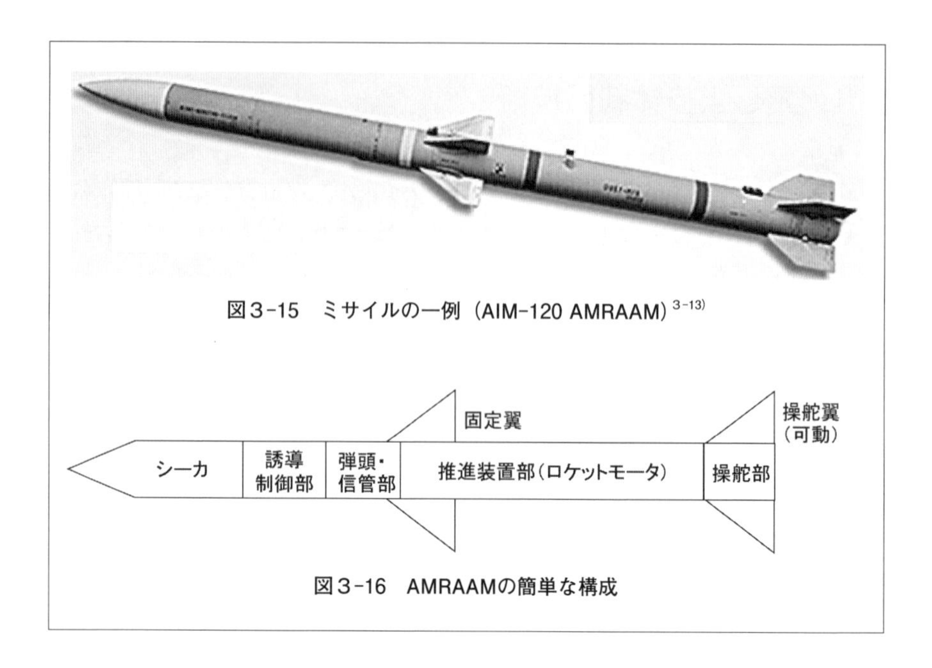

図３-15　ミサイルの一例（AIM-120 AMRAAM）[3-13]

図３-16　AMRAAMの簡単な構成

基にミサイルの操舵量を算出している。その後方には、目標に近づいた際や命中した際に作動し起爆する弾頭・信管部、ミサイルを推進するための動力としての固体推進薬を用いた推進装置部（ロケットモータ）、ミサイルが空気中で落ちないように飛ばすための浮く力（揚力）を得るための固定翼、ミサイルを空気力で操舵する操舵翼を動かす操舵部、空気力で方向を変える力を得るための操舵翼といった構成になっている。

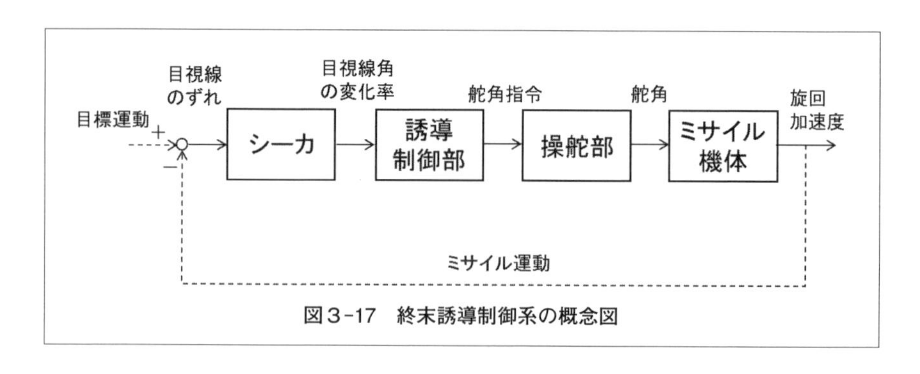

図３-17　終末誘導制御系の概念図

通常ミサイルの誘導は初期誘導、中期誘導および終末誘導の三つのフェーズに大別される。初期誘導では、発射直後のミサイルの姿勢を維持するための姿勢制御、中期誘導ではミサイルを所定の位置まで誘導するための旋回加速度制御、終末誘導ではシーカの出力信号に基づく比例航法による加速度制御が行われる。

終末誘導ではミサイルが自律誘導しており、この時に行われている比例航法を**図3-17**の終末誘導制御系で説明すると目標が移動（目標運動）して、シーカから目標を視た場合の目線（目視線）と空間に設定された基準線とがつくる角度（目視線角）が時間的に変化する割合（目視線角の変化率）に比例した力を横方向に発生させるために誘導制御部にて必要な計算を実施し、必要とされる舵角を操舵部に舵角指令として与えて舵角をとることによりミサイルの機体が重心を中心に回転し、その後、旋回加速度を発生して旋回する。

このミサイルの運動がフィードバックされて常に目視線の方向をできるだけ一定に保つようにミサイルを誘導している。これは、時々刻々に変わる目標との相対的な位置関係を目視線角の変化だけで検知して、それに比例した力を瞬時に働かせるという処理を継続的に行うことにより命中させているのである。

3.2　飛しょう体制御方式

ここでは、飛しょう体制御方式として主に操舵部に搭載されている操舵装置について紹介し、制御系に関する詳細な記述は割愛する。

（1）空力制御

空力制御は、ミサイルの操舵翼を操舵部に取り付けられているガス・油圧・電気などで駆動するサーボ装置によって駆動し、飛しょうすることによって発生する動圧によって得られる揚力を制御力としている。ただし空気力により揚力を得ているため、大気中を飛しょうするミサイルに限られ、操舵翼が失速する高迎角では使用できない。また動圧の低下する高空や低速域では応答性能は低下する。

空力制御における操舵方式は、操舵翼の取付位置により前翼操舵、主翼操舵および後翼操舵とに分けられる。各操舵方式の特性概要を**表3-2**に示す。これらの特徴も加味して、対空、対艦、対戦車などの各種ミサイルに使用されている。また後翼操舵方式の例としてAMRAAMの写真を**図3-18**に示す。

表3-2　SUMMARY OF AERODYNAMIC DESIGN CHARACTERISTIC[3-14)]

Type of control	Advantages	Disadvantages
Wing control....	Fast control Low trim α Relatively good packaging feature Beneficial downwash from canard deflection for control	High hinge moments Severe servo power required Nonlinear aerodynamics Large induced rolling moments cg travel critical High drag Large downwash decreases tail contribution to static stability
Canard control...	Good packaging feature Low hinge moments Fairly linear aerodynamics cg travel not critical Facilitates design changes Low drag	No simple lateral control Relatively large body bending moments High control rates required Relatively high trim α
Tail control.....	Low tail loads Low tail hinge moments Low body bending moments Fairly linear aerodynamics	Slow response Negative C_{Y_δ} (initial force in wrong direction) Packaging problems Poor lateral control High trim α

（2）TVC（Thrust Vector Control）制御

TVC制御は、ロケットモータの主推力方向を変更させることによって得られる横方向の推力を制御力として利用する。この方式はロケットモータの燃焼中にしか効果が得られないため、燃焼終了後は機動性を失ってしまう。利点としては、低速の領域で空力操舵に比較して大きな旋回能力を得ることができ、空力操舵の失速領域においても姿勢制御が可能である。このため、ミサイル発射直後の低速時に空力制御の反応が鈍いときに多用される。

使用されているミサイルとしては垂直発射型のミサイル、格闘戦用空対空ミサイルなどがある。**図3-19**はTVC操舵装置の例を搭載した米国の短距離空対空ミサイルAIM-9Xの写真で、矢印の部分がTVC操舵装置のジェットベーンである。**表3-3**に主なTVC操舵方式を示す。

図３-18　後翼操舵方式の例（AMRAAM）[3-15]

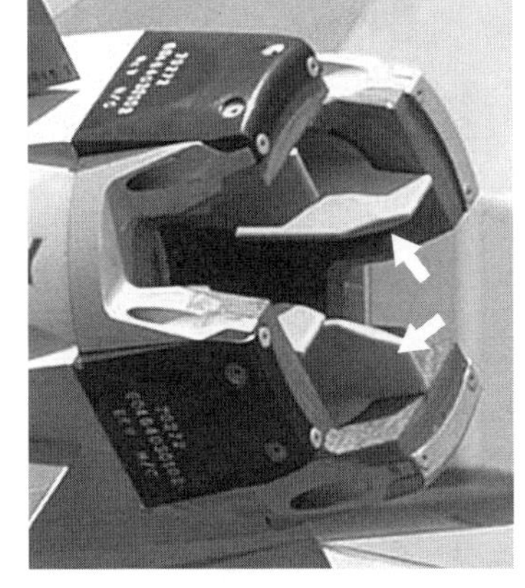

図３-19　TVC操舵装置の例（AIM-9X）[3-16]

（3）スラスタ制御

スラスタ制御は、ミサイルに搭載しているスラスタ装置から発生する噴射ガスによってミサイルの姿勢制御を行う操舵である。スラスタ（サイドスラスタ）の利点は、即応性に優れていることである。シーカが目標を捕らえて誘導制御部からの指令に従って旋回加速度を発生させ機体の方向を変えるためには、応答遅れが発生する。サイドスラスタは、この応答遅れが他の制御方式に比較して格段に短いものとなっていることが利点となっている。このため機敏な応答性が必要とされる弾道ミサイル対処用のミサイルなどに使われている。

表３-３　主なTVC操舵方式[3-17]

主な方式	構造図	特　徴
ジェットベーン		4枚のベーンでロール制御も可能
ジェットベータ		ノズル出口部を偏向する
ドームドディフレクタ		ドームでノズル出口を覆い、ジェットタブと同等の効果を得る
アキシャルジェットディフレクタ		ジェットディフレクタを出してショックウェーブを立て、排出ガスを偏向する
ジェット・タブ	タブ	タブをノズル出口に立て、ショックウェーブで圧力差をつくる
ジェットプローブ	プローブ	ノズル内に針を出しショックウェーブを立てる

スラスタの種類としては、ミサイルの周囲に小

図3-20　スラスタ装置の例（THAAD）[3-18、19]

型のロケットモータを多数配置したインパルス型、ミサイルの周方向に燃焼器・ノズルを配置し、連続して燃焼させる事ができる連続型がある。また連続型には、固体ガス発生剤を使用した固体推薬方式のものと、液体推進薬を使用した液体推薬方式のものがある。**図3-20**に例として連続型液体推薬方式のTHAAD（Terminal High Altitude Area Defense missile）の写真を示す。

（4）複合制御

⑴から⑶では、空力、TVC、スラスタに関する制御について述べてきた。実際のミサイルでは、これらを単独あるいは、組み合わせて使用している。これは、各制御方式の長所をミサイルの用途に合わせて使い分け使用しているもので複合制御と呼んでいる。

図3-21の写真は、図3-19でも説明したAIM-9Xのミサイル後部であるが、操舵翼を使用した空力操舵とTVC操舵装置を併用している。AIM-9Xではロケットモータが燃焼している間は、空力+TVCの複合制御を行い、ロケットモータ燃焼後は、空力制御のみで操舵していると考えられる。またわが国でも、同様の複合制御を用いたミサイルを装備化している。

わが国の研究としては空力、サイドスラスタ、TVCを組み合わせた複合制御により高高度から飛来する弾道ミサイルおよび高速巡航ミサイル等への対処について研究する「高高度迎撃用飛しょう体技術の研究」という事業が27年度より開始されている。研究概要を**図3-22**に示す。

図3-21　空力＋TVCの複合制御の例[3-16)]

これは、高高度領域における新たな推進制御技術である長秒時燃焼圧制御サイドスラスタ技術および、TVCによる推力制御技術を適切に組み合わせて所要の応答性および誘導精度を達成する高高度領域高応答誘導制御技術について、将来の地対空誘導弾システムに必要な高高度迎撃用飛しょう体技術に関する研究を行うものである。

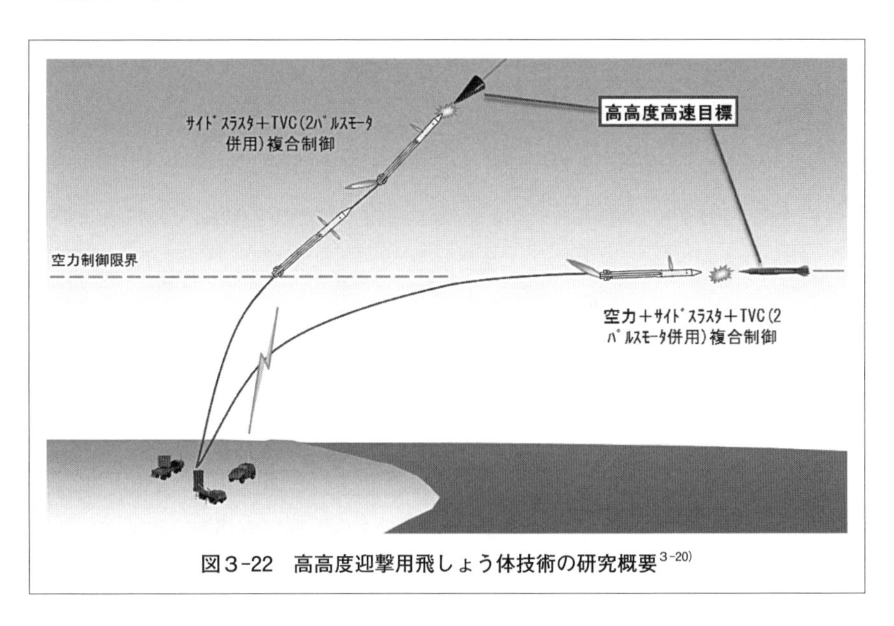

図3-22　高高度迎撃用飛しょう体技術の研究概要[3-20)]

4. システムインテグレーション

本節では、システムインテグレーションについて述べる。システムインテグレーションはシステム統合とも呼ばれ、システムを構成する構成要素を結合・連接させ所要の機能・性能を発揮させること、あるいは統合・連接する行為をいう。地上に展開し航空機等の経空脅威に対処する地対空ミサイルシステムをミサイルシステムの具体例として取り上げ、地対空ミサイルシステムを対象としたシステムインテグレーションについて説明を行うこととしたい。

4.1 システムインテグレーションとは

地対空ミサイルシステムにおいてシステムインテグレーションという言葉が用いられる場合、次の三つの類型に大別される。

(a) ミサイルの各構成品を結合しミサイル単体を組み立てるケース

(b) ミサイルを射撃するために必要な発射装置やレーダ装置等を連接し、射撃を行う最小のシステム（射撃単位）を構築するケース

(c) 複数の射撃単位をネットワーク等で連接させ一つの防空システムを構築するケース

この項では、上記三類型のシステムインテグレーションについて概要を述べる。

(1) ミサイル単体の組み立て

典型的なミサイルは**図3-23**のような構造を有している[3-31]。ミサイルはその先端部に目標を捕捉し追尾するシーカと呼ばれる機器を搭載している[3-21]。シーカは目標を捕捉・追尾することにより誘導制御部に誘導信号を送出する。誘導制御部では誘導制御部内の慣性航法装置の出力信号とシーカから送信された誘導信号を基に目標との会合に必要な操舵指令信号を算出する。その後方に

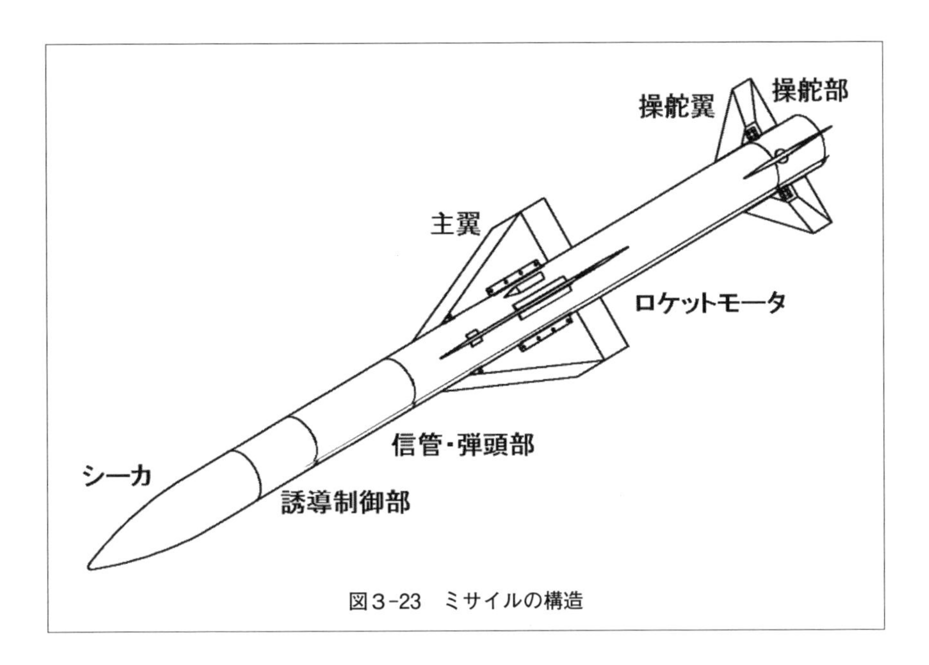

図3-23　ミサイルの構造

は、会合時目標を無効化する信管・弾頭部、推進力を発生させるロケットモータが続き、最後部に操舵部が位置している。操舵部では誘導制御部から送られる操舵指令信号を受け、内蔵する操舵装置により所要の舵角を実現する。

このように各構成品を結合させ、その機能の確認を実施することにより目標との会合が可能なミサイルが組み立てられ、ミサイル単体としてのシステムインテグレーションが達成される。

(2) 射撃単位の構築

次に、地対空誘導弾システムにおいて航空機等の経空脅威に対して射撃を行うための最小システムとなる射撃単位に係るシステムインテグレーションについて述べる。

射撃単位は、航空機等の目標を探知・追随し目標航跡を生成する射撃用レーダ装置、目標航跡を基にミサイルが目標を捕捉可能なポイントまで誘導するための要撃計算を行う射撃統制装置、要撃計算結果を発射指令として受けミサイルを発射する発射装置、各装置を連接する通信装置ならびに目標に向かい飛翔するミサイルからなる。

ミサイルの誘導は、初期誘導、中期誘導および終末誘導の三つのフェーズに大別される。初期誘導では発射直後のミサイルの姿勢を維持するための姿勢制御、中期誘導ではミサイルを所定の位置（ミサイルのシーカが目標を捕捉できる位置）まで誘導するための旋回加速度制御、終末誘導ではシーカの誘導信号に基づき比例航法による旋回加速度制御が行われる。射撃単位において射撃が成立する要件は次の三要件となる。

（C１）地上装置間の回線容量が所要量確保でき、通信遅れが許容値以下であること

（C２）各装置の位置・方位の標定がなされ、時刻整合が行われること

（C３）射撃用レーダ装置の目標航跡生成誤差とミサイルの慣性航法誤差の合計が、ミサイルのシーカが目標を捕捉可能な許容値以下であること

典型的な地対空ミサイルシステムの射撃単位の例についてその概要を**図３**

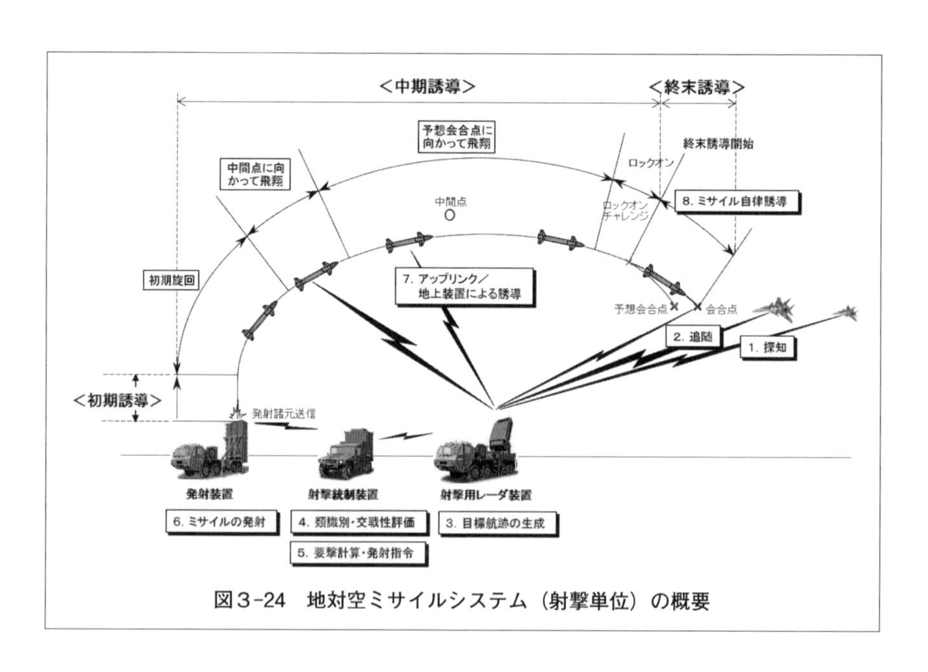

図３-24　地対空ミサイルシステム（射撃単位）の概要

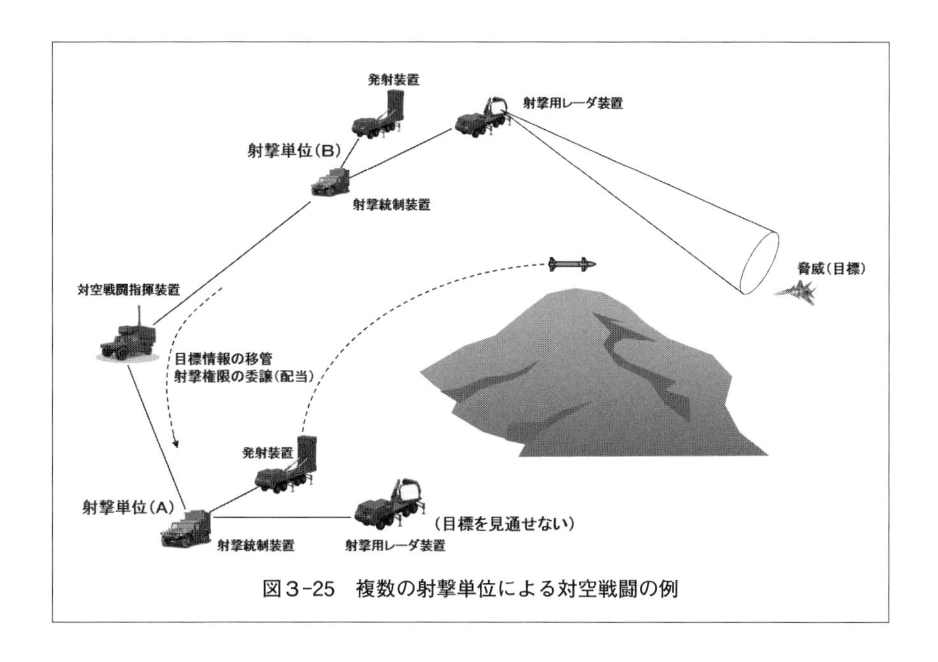

図3-25　複数の射撃単位による対空戦闘の例

-24にまとめる。文献3-21）に示されるものと基本的に同じであるので細部の説明は割愛するが、目標の探知からミサイルの自律誘導に至るシーケンスは図中の番号に従って進行する。このような射撃に関する機能を有する射撃単位の構築が射撃単位としてのシステムインテグレーションとなる。

（3）防空システムの構築

複数の射撃単位または異種の射撃単位を一定の領域に配置し防空網を構築する場合、この防空網を防空システムと呼ぶことができる。この防空システムでは射撃単位間において、目標情報（目標航跡情報）や射撃権限（要撃計算）を移管・委譲（または上位の対空戦闘指揮装置により配当）することにより、地形の障害や主要な装置を除く一部装置の不稼働に対応した射撃が可能となり、システムとしての交戦能力が向上する。複数の射撃単位を連接し特定の射撃単位から見通し外となる目標に対する射撃を行うケースを**図3-25**に示す。

図3-25の例では、射撃単位（B）の目標航跡情報を用いて、射撃単位（A）

の射撃統制装置で要撃計算を行い同射撃単位の発射装置から誘導弾を発射しており、射撃単位（A）からは見通し外となる目標に対し射撃単位（A）が交戦をしている形となる。このような場合においても、射撃が成立する要件として、前項の（C 1）～（C 3）は必須となる。このように目標情報や射撃権限の移管・委譲（配当）により複数の射撃単位等を連接した射撃形態を実現することは防空システムとしてのシステムインテグレーションと呼ばれる。

4.2　最新のトピックス（分散型アルゴリズムの適用）

防空システムとしてのシステムインテグレーションについては、今後、更なる発展が期待される。戦闘指揮・射撃管制に係る分散型アルゴリズムの適用によって、より柔軟な射撃形態の実現が可能になると期待される。この項では、現状の防空システムにおける課題について概観した後、その解決に有効と考えられる分散型アルゴリズムについて説明し、今後の展望を示すこととする。

（1）防空システムの現状と課題

図３-37の戦闘形態においては、射撃単位間で目標情報は常時共有されず、射撃単位ごとに射撃権限が限定される。このため射撃単位間で射撃を行う場合、目標情報の移管や射撃権限を委譲する必要があり、人的要因により遅れを生じる。また例えば射撃単位（A）または（B）のいずれかの射撃統制装置が故障または破壊され、不稼働となった場合に目標情報の移管や射撃権限の委譲ができなくなり、図３-25のような対空戦闘は実施できなくなる。

従来の防空システムの形態とそれを運用する運用組織の関係を**図３-26**に示す。図３-26の防空システムにおける各地上装置には、各装置の役割に適合したソフトウエアがインストールされている。各装置のオペレータは、指揮所等の上位機関からの指令ならびに連接する射撃単位との調整に基づき、目標等の情報表示を確認して射撃を行う。複数の射撃単位の関与が予想される目標に対しては、関連する射撃単位の上位の対空戦闘指揮装置において射撃権限の配当

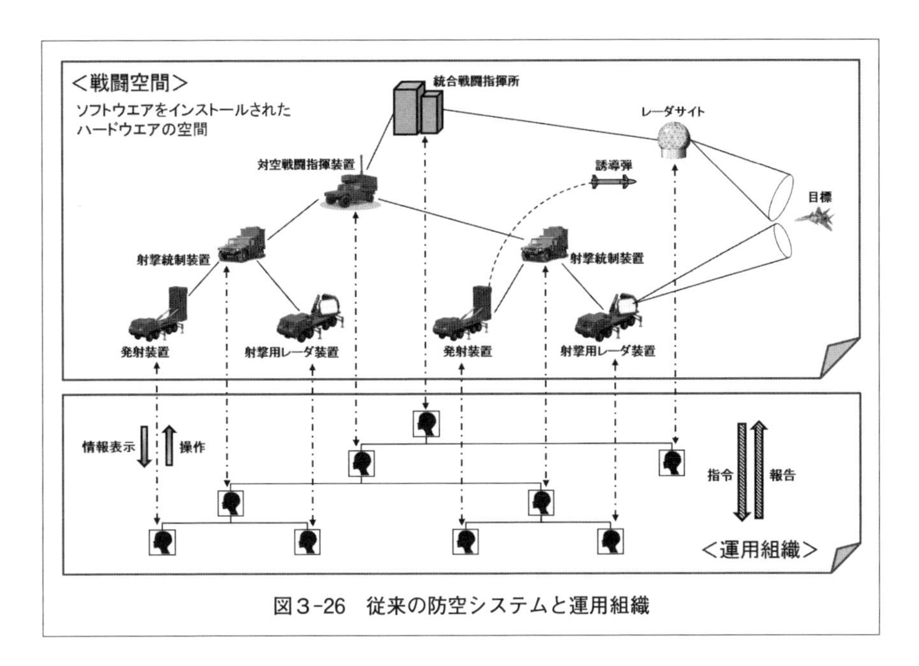

図3-26　従来の防空システムと運用組織

を含む射撃計画を策定するか、関連する射撃単位間で目標情報の移管や射撃権限の委譲の調整を行う必要が生じ、射撃の意思決定に時間を要することとなる。異種の射撃単位が連接される場合、そのやりとりはさらに複雑となる。

(2) 防空システムの展望

そのような事態を改善するため、射撃単位を連接した形態でどういう戦闘要領を優先するかといった戦闘ドクトリンを共通化（一般化）し、各地上装置に射撃管制を実施する分散型アルゴリズムを設定することにより、自立性、積極性に富み、協調性に優れた特徴を有する射撃管制ソフトウエアを活用して最適な戦闘要領の選定（推奨）と機能の相互補完を自動に行うことが可能な防空システムの実現が期待される。

そのためには、近年、活発に研究されているエージェント理論[3-22、23]を適用した分散型ソフトウエア技術を用いて、射撃を自動化することが有効と考えられる。ネットワーク上に射撃統制装置、射撃用レーダ装置および発射装置それぞれの機能を発揮させるソフトウエアを準備する。ソフトウエアは自律性、積極性に富み、相互に協調する能力を有しているものとする。射撃単位がネットワークに連接された状態において、初期状態として各地上装置にはそれぞれぞれの機能・特性に適合したソフトウエアが割り当てられる。各装置がGPS等に基づき自己位置標定、時刻整合を行った段階で、防空システムの準備が完了する。

ここで、目標がこの防空システムに侵攻する事態を想定する。目標を探知した射撃用レーダ装置は航跡を生成し、目標が脅威となり射撃が可能な場合に目標航跡をネットワーク内に配信するとともに射撃の実施を各装置（ソフトウエア）に勧告する。目標航跡を受信した発射装置はその航跡に対して搭載するミサイルが対処可能な場合にミサイルの発射を各装置（ソフトウエア）に勧告する。目標航跡と射撃用レーダ装置および発射装置からの射撃勧告を受信した射撃統制装置は、目標航跡と射撃に対応可能なミサイル（発射装置）の組み合わせの中から、戦闘ドクトリンおよび射撃要件〔４.１ ⑵項の要件（Ｃ１）～（Ｃ３）〕

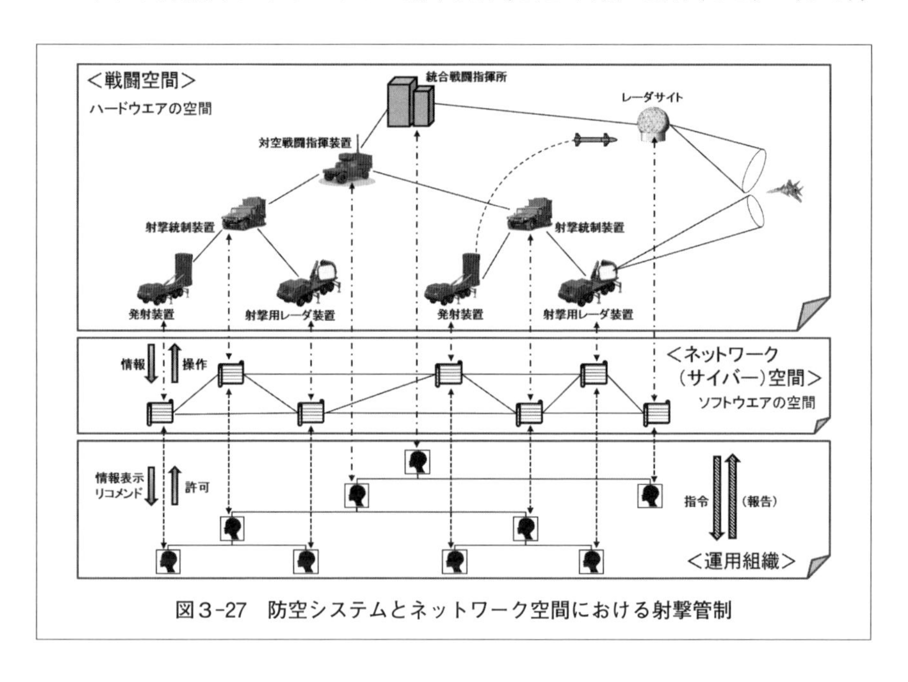

図３-27　防空システムとネットワーク空間における射撃管制

に適合し､会合の有効性に係る指標値（撃破確率や継戦性等を数値化したもの）が最も高い組み合わせを選定し、それを表示するとともにオペレータに射撃を推奨（リコメンド）する。

この際、一定の地域の複数の射撃統制装置において独立にリコメンドが準備されるが､オペレータに推奨する際､それぞれの射撃統制装置（ソフトウエア）間で調整（協調）機能が働き、その時点で最も適切なリコメンドがオペレータに提示される。オペレータがこのリコメンドに許可を与えることにより射撃は実施される。

このような能力を有する防空システムと分散型アルゴリズムの関係を**図３-27**にまとめる。図３-27に示されるように、射撃管制に係るソフトウエアは各装置に対しネットワーク（サイバー）空間上で割り当てられるため、各装置で固有のソフトウエアを備える必要はない。このため、特定の装置の不稼働に対して防空システムとして柔軟に対応することができる。また同図においては運用組織の形態もそれほど支配的ではなく、戦闘の開始に当たり射撃の許可を与える指令があれば十分であり、ネットワーク上で情報が共有されているため射撃の結果に関する報告の必要もなくなる。

対空戦闘において実施される観測、状況判断、意思決定、実行のループについて、従来のループと分散型アルゴリズムを適用した場合のそれを比較してまとめたものを**図３-28**に示す。分散型アルゴリズムの導入により図３-28に示す観測、状況判断、意思決定はすべて自動化され、射撃統制装置のオペレータはソフトウエアからのリコメンドに対し発射ボタンを押下するだけで十分であり、戦闘様相の変化に対する迅速な対応が可能となる。

図３-25に示す対空戦闘に分散型アルゴリズムを適用した場合の戦闘形態を**図３-29**に示す。図３-29は各装置にソフトウエアが割り当てられ戦闘可能となった状態を表している。このとき、脅威となる目標の出現に合わせて、目標情報（目標航跡）がネットワーク空間（各装置）において共有され、調整（協調）された結果として最適射撃のリコメンドが行われ、これに応じ射撃が実施されれば、射撃結果は射撃情報として共有される。さらに同図において、例え

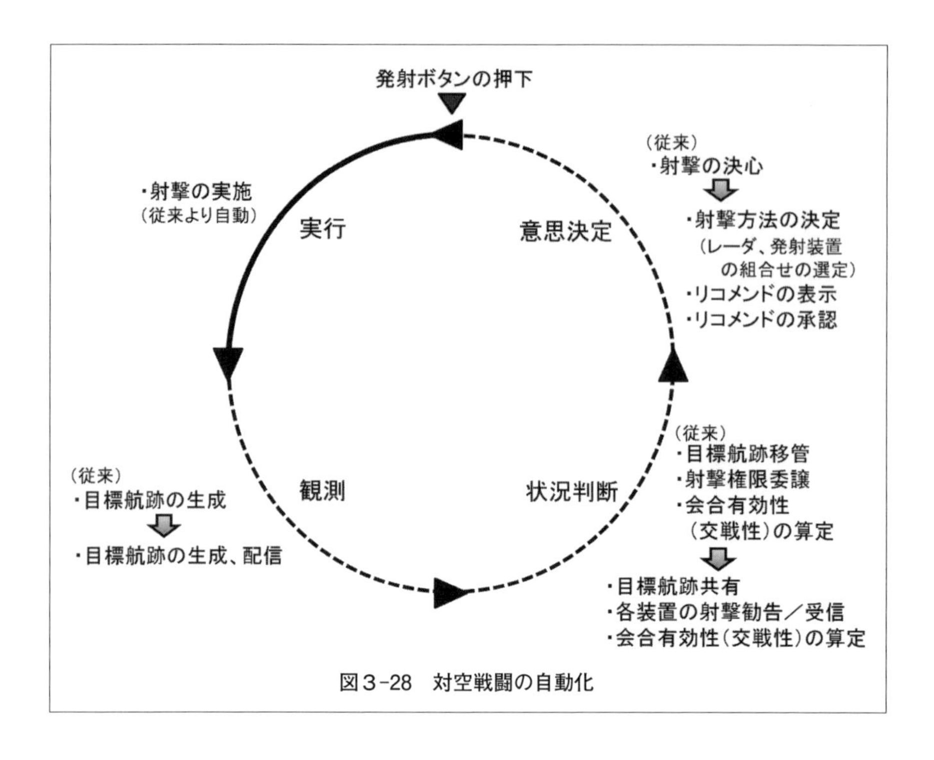

図３-28　対空戦闘の自動化

ば射撃単位（A）の射撃統制装置が不稼働となった場合には、射撃統制装置に割り当てられるソフトウエアを近隣の射撃用レーダ装置や発射装置に割り当てることにより、防空システムとしての機能はそのまま維持される。

これまで、防空システムの例として複数の射撃単位の連接形態を念頭に説明を行った。本章第１節の「射撃管制技術」にも示されているLOR、EORといったさまざまなネットワーク射撃においても、分散型アルゴリズムの適用については本質的に同様である。射撃の実施という観点において、分散型アルゴリズムは複雑な防空システムにおける射撃を一つの射撃単位（射撃用レーダ装置、発射装置、射撃統制装置）による射撃に投影する（落とし込む）機能を有していると考えることができる。分散型アルゴリズムの構築およびその適用は、他の射撃管制レーダ等を連接させた大規模な防空システムのシステムインテグレーションへ道を開くこととなる。

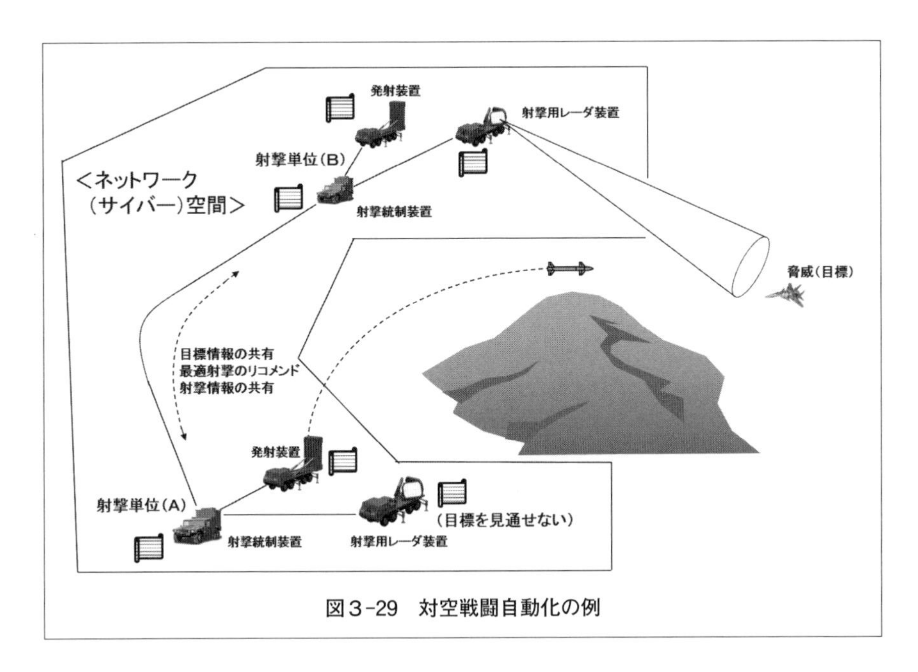

図3-29　対空戦闘自動化の例

本節では地対空ミサイルシステムを対象として、システムインテグレーションについて概説した。特に、複数の射撃単位を連接した防空システムに係るシステムインテグレーションとして、分散型射撃管制アルゴリズムを適用した防空システムの構築について比重をおいて説明した。

ネットワーク空間において装置対応で分散型アルゴリズムを割り当てることにより、運用的観点から柔軟で効率的な対空戦闘が可能になることを示した。将来的には、この分散型アルゴリズム（ソフトウエア）に学習機能を付加することにより、訓練を含めた運用を積み重ねる中で能力を向上していく防空システムの実現も期待される。

なおここで記載した運用形態等は理解を助けるためのモデルであり、必ずしも実際の運用形態に符合するものではないことに留意されたい。

5. 電波シーカ技術

誘導弾に搭載されているセンサ（電波シーカ）が、レーダ反射面積（Radar Cross Section：RCS）の低減を図った艦船（低RCS艦船）を検知する場合、低RCS艦船の反射波が海面の反射波（目標以外の反射波であり、「クラッタ」という）に埋もれてしまうため、従来の電波シーカで検知することは極めて難しい。このような目標を検知することを目的として、角度高分解能化を図った電波シーカが有効である。これにより海面へのレーダビーム照射面積を低減させ、クラッタを抑圧して低RCS艦船の検知が可能となる。本節では、電波シーカの角度高分解能処理の概要および屋外で実施した試験結果例について紹介する。

船体、上部構造物、船体に使用する材料等を工夫してレーダ反射面積（Radar Cross Section：RCS）の低減を図った艦船（低RCS艦船）が、諸外国において装備化もしくは開発中である（**図3-30**）。低RCS艦船からのレーダ反射波は、

欧州及びインド又は米国等にて船体、上部構造物、船体に使用する材料等を工夫し、低RCS化を図った戦闘艦が装備化もしくは開発中である。

		欧州	米国	インド
		Visbyklass-korvett	DDG-1000 Zumwalt	Shivalik
概観		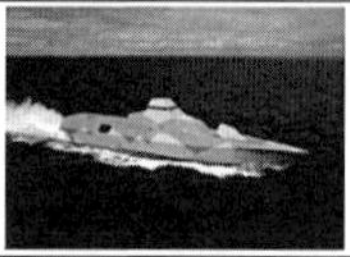	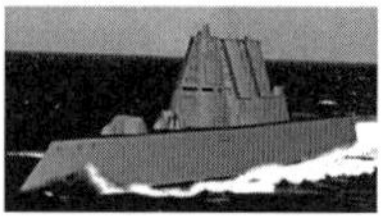	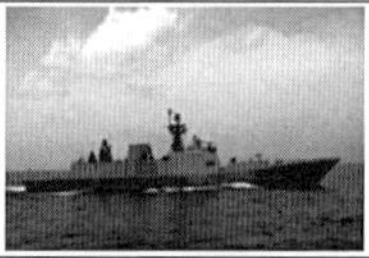
寸法（m）	全長	（装備化） 73	（開発中） 180	（装備化） 143
	全幅	10. 4	24. 2	17
	喫水高	2. 4	8. 3	4. 5
速度（m／s）	最高	18	15	15

Shivalik級では、平均RCSが600m²～数千m²程度へ減少（最大15dB程度低下）する見積もり

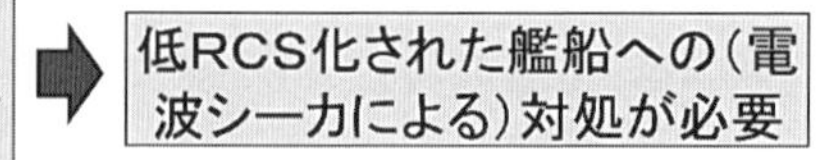

出典： http://www.globalsecurity.org/military/systems/ship/dd-x-specs.htm、 http://www.globalsecurity.org/military/world/europe/visby-pics.htm http://www.globalsecurity.org/military/world/india/f-project-17-specs.htm

図3-30　低RCS艦船の例

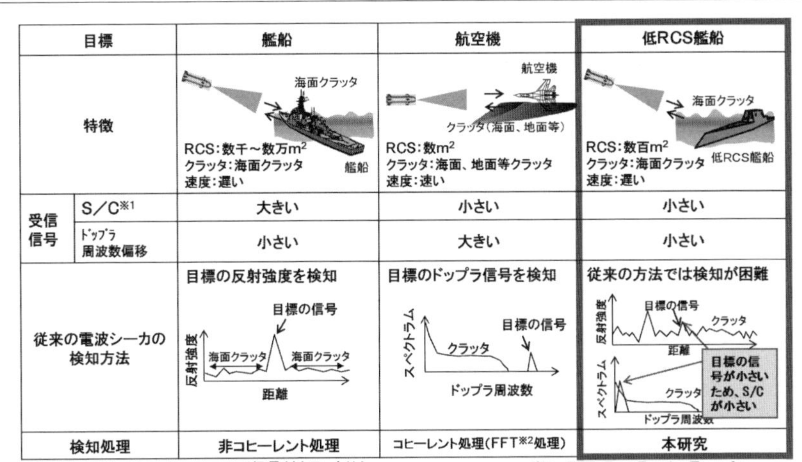

目標		艦船	航空機	低RCS艦船
特徴		海面クラッタ 艦船 RCS：数千～数万m² クラッタ：海面クラッタ 速度：遅い	航空機 クラッタ（海面、地面等） RCS：数m² クラッタ：海面、地面等クラッタ 速度：速い	海面クラッタ 低RCS艦船 RCS：数百m² クラッタ：海面クラッタ 速度：遅い
受信信号	S／C※1	大きい	小さい	小さい
	ドップラ周波数偏移	小さい	大きい	小さい
従来の電波シーカの検知方法		目標の反射強度を検知 目標の信号 海面クラッタ 海面クラッタ 反射強度 距離	目標のドップラ信号を検知 目標の信号 クラッタ スペクトラム ドップラ周波数	従来の方法では検知が困難 目標の信号 クラッタ 反射強度 距離 スペクトラム クラッタ ドップラ周波数 目標の信号が小さいため、S/Cが小さい
検知処理		非コヒーレント処理	コヒーレント処理（FFT※2処理）	本研究

※1 S/C：Signal to Clutter ratio（信号対クラッタ比）　※2 FFT：Fast Fourier Transform

低RCS艦船は受信信号が小さく、かつ、ドップラ周波数偏移も小さいことから、S／Cが小さくなり、従来の電波シーカの検知方法では対処困難

図3-31　電波シーカの検知方法の概要および問題点

例えばShivalik級では従来の艦船に比較してRCSが15dB程度低減していると報告されている[3-24～26]。そのため、低RCS艦船の反射波は海面の反射波（目標以外の反射波であり、「クラッタ」という）に比べて著しく小さく、従来の電波シーカ（誘導弾に搭載されている目標を検知するためのレーダセンサ）で検知することが極めて難しい。このような艦船を検知するために、角度分解能を向上させた電波シーカが有効である。これにより、海面へのレーダビームの照射面積を低減させてクラッタを抑圧し、低RCS艦船の反射波を検知することができる。ここでは、DBS（Doppler Beam Sharpening）による角度高分解能処理技術について紹介する。

艦船および航空機に対する電波シーカの検知の概要を**図3-31**に示す。艦船はRCSが数千m^2以上であるため信号対クラッタ比（S/C）が大きい。そのため、目標の反射波を検知することが可能である。一方、航空機はRCSが数m^2程度でありS/Cは小さい。この場合、受信信号に含まれる目標のドップラ周波数スペクトラムを検知する。これは、誘導弾と航空機との相対速度がクラッタ（海面、地上）との相対速度と異なっていることを利用している。なおドップラ周波数スペクトラムは、高速フーリエ変換（Fast Fourier Transform：FFT）により解析される。ところが低RCS艦船は、RCSが小さく、かつ移動速度は遅い。反射波およびドップラ周波数スペクトラムはクラッタに埋もれてしまい検知することが困難となる。低RCS艦船のように、海面クラッタに比べて反射波が小さく、かつ移動速度が遅い目標を従来の電波シーカで検知することは難しい。

一方、海面クラッタ中の目標を検知するために、これまで数多くの研究が行われている[3-27、28]。ここでは、クラッタのゆらぎ（統計量）や目標のドップラ周波数を既知情報として利用している。しかし、低RCS艦船のような低速の目標に対して用いることは期待できない。そこでクラッタはレーダビームの照射面積に比例することに着目し、電波シーカの角度分解能を向上させてビーム幅内を細分化し、クラッタを抑圧させる手法を採った。この結果、角度分解能に相当する照射面積は減少し、S/Cの向上を図ることができ、低RCS艦船の受

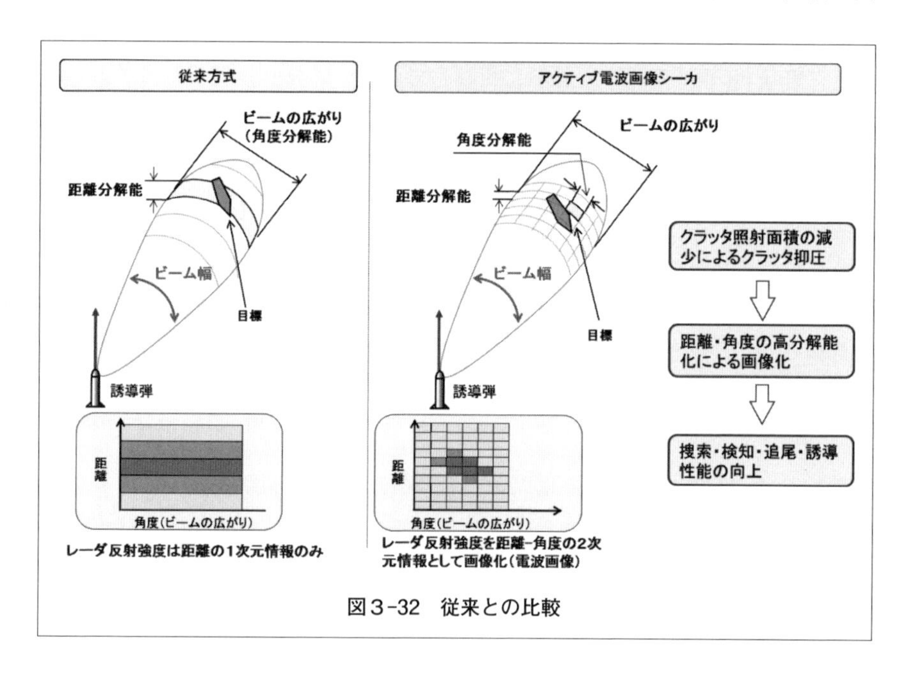

図3-32　従来との比較

信信号を検知することが可能となる。

図3-32に従来との比較を示す。従来方式では、薄網の領域（濃網の上下の層）で表されるビーム照射面積分のクラッタを受信する。一方、角度高分解能化を図った場合、照射面積が小さくなりクラッタを低減できる。例えば点目標であれば、角度分解能を10倍にした場合、クラッタの照射面積は１/10となるため、S/Cは10倍となる。またレーダの反射強度を距離―角度の２次元情報（電波画像）で表すことができるため、従来の距離のみの１次元情報に比較して、目標を検知するためにより高度な処理が可能となる。

5.1　角度高分解能処理

（1）トレードオフ

図3-33に角度高分解能化の手法と、これを電波シーカに搭載する際のトレードオフを示す。リアルビーム方式は、電波シーカのアンテナ開口径を大きくし

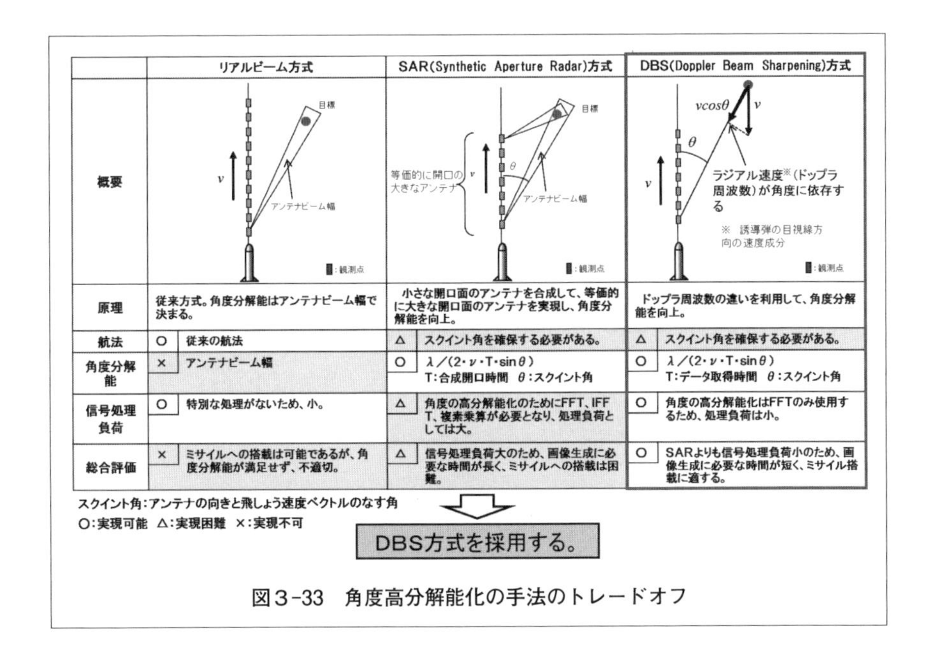

	リアルビーム方式		SAR(Synthetic Aperture Radar)方式		DBS(Doppler Beam Sharpening)方式	
概要	目標 v アンテナビーム幅 ■：観測点		目標 等価的に開口の大きなアンテナ v θ アンテナビーム幅 ■：観測点		vcosθ v θ ラジアル速度※（ドップラ周波数）が角度に依存する ※　誘導弾の目視線方向の速度成分 ■：観測点	
原理	従来方式。角度分解能はアンテナビーム幅で決まる。		小さな開口面のアンテナを合成して、等価的に大きな開口面のアンテナを実現し、角度分解能を向上。		ドップラ周波数の違いを利用して、角度分解能を向上。	
航法	○	従来の航法	△	スクイント角を確保する必要がある。	△	スクイント角を確保する必要がある。
角度分解能	×	アンテナビーム幅	○	λ／(2・ν・T・sinθ) T：合成開口時間　θ：スクイント角	○	λ／(2・ν・T・sinθ) T：データ取得時間　θ：スクイント角
信号処理負荷	○	特別な処理がないため、小。	△	角度の高分解能化のためにFFT、IFFT、複素乗算が必要となり、処理負荷としては大。	○	角度の高分解能化はFFTのみ使用するため、処理負荷は小。
総合評価	×	ミサイルへの搭載は可能であるが、角度分解能が満足せず、不適切。	△	信号処理負荷大のため、画像生成に必要な時間が長く、ミサイルへの搭載は困難。	○	SARよりも信号処理負荷小のため、画像生成に必要な時間が短く、ミサイル搭載に適する。

スクイント角：アンテナの向きと飛しょう速度ベクトルのなす角

○：実現可能　△：実現困難　×：実現不可

DBS方式を採用する。

図3-33　角度高分解能化の手法のトレードオフ

て角度分解能を向上させる方法である。これはアンテナビーム幅はアンテナ開口径に反比例することを利用したものである[3-29]。しかし、誘導弾を航空機等に搭載することを考慮すると、開口径の拡大（すなわち電波シーカの胴径の拡大）は制限される。例えばShivalik級の艦船を検知する場合、S/Cを15dB程度向上させる必要があるが、これはアンテナ開口径を23倍することに相当する。従って、本方式は適さない。

SAR方式（合成開口レーダ方式）は、リモートセンシング等で一般に用いられている角度高分解能化である[3-30]。飛しょう中に取得した受信信号を信号処理することにより、等価的に大きな開口面のアンテナを形成させるものである。電波シーカにSARを搭載する場合、信号処理の特性から、目標は誘導弾の斜め方向に位置する必要がある（このとき、アンテナの向きと誘導弾の速度ベクトルの成す角度θを「スクイント角」という）。従来の誘導弾が正面の目標を検知することに対し、大きく異なる点である。角度分解能は、波長、誘導弾の速度、スクイント角および合成開口時間（データ取得時間）に依存する。信号処理は、FFTおよび逆FFTを行うため、従来の電波シーカの信号処理に比較して演算量が多くなり負荷が増加する。

DBSは、SAR方式と同様に信号処理により角度高分解能化を図る手法であり[3-31]、誘導弾の斜め方向に位置する目標を検知する。ラジアル速度（誘導弾と目標の相対速度）は誘導弾とビーム照射面内の反射点がなす角度（目視線角）に依存するため、受信信号には目視線角に依存したさまざまなドップラ周波数が含まれる。FFTによりドップラ周波数を求めることにより、ビーム照射面内の目標の角度を逆算できる。角度分解能はSAR方式と同様である。ただし、FFTの演算回数は１回でありSAR方式に比較して負荷は少ない。電波シーカの信号処理部の容積等が限られていることを考慮すると、DBSを用いた角度高分解能処理が適する。

（2）DBSおよび角度分解能

DBSは、受信信号のドップラ周波数から角度を算出して角度高分解能化を図

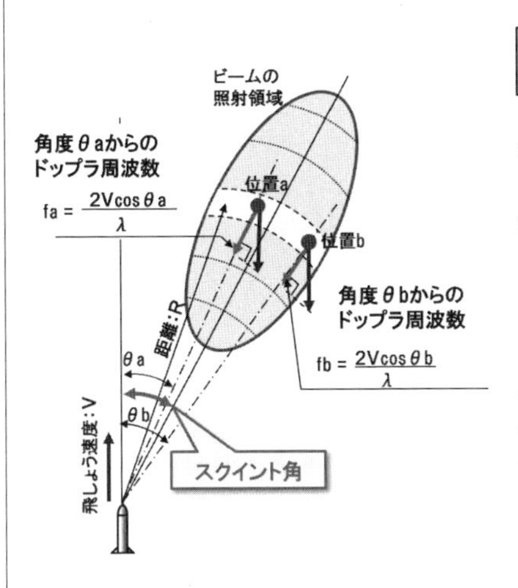

ドップラ周波数が角度に依存することを利用して、角度分解能を向上

① アンテナを斜めに向けて飛しょう（スクイント角※を確保）
② 距離Rにおいて、誘導弾は位置a及びbのドップラ周波数偏移（fa及びfb）した信号を受信

（電波画像生成処理で実施）
① FFTでドップラ周波数を解析
② ドップラ周波数から角度を逆算
③ リアルビーム内の位置a及びbのスクイント角（θa及びθb）が判明

※ スクイント角：アンテナの向きと飛しょう速度ベクトルのなす角

図３−34　DBS方式の原理

ビームの
照射領域
位置aからのドップラ周波数
fa = 2･Vcosθ / λ
位置a
位置a'
スクイント角※：θ
位置a' からのドップラ周波数
fa' = 2･Vcos(θ+⊿θ) / λ
角度分解能：⊿θ
飛しょう速度：V

⊿θ：角度分解能 [rad]
⊿f：ドップラ周波数差 [Hz]
λ：波長 [m]
V：飛しょう速度 [m/s]
T：データ取得時間 [s]
θ：スクイント角 [rad]

※ スクイント角：アンテナの向きと飛しょう速度ベクトルのなす角

① 角度分解能とドップラ周波数差の関係

$$\Delta f = f_a - f_{a'} = \frac{2V}{\lambda}[cos\theta - cos(\theta + \Delta\theta)] \fallingdotseq \frac{2V}{\lambda} sin\theta\Delta\theta \quad \cdots\cdots 式1$$

② ドップラ周波数差：Δfを検出するためのデータ取得時間

$$\Delta f = \frac{1}{T} \quad \cdots\cdots 式2$$

③ 式1、式2より角度分解能が算出

$$\Delta\theta = \frac{\lambda}{2VTsin\theta} \quad \cdots\cdots 式3$$

DBSの角度分解能はシーカの波長（周波数）、飛しょう速度、データ取得時間、スクイント角により変化する。

図３−35　DBS方式の角度分解能

る手法である。**図3-34**にDBSの原理を示す。ここでは飛しょう速度vの誘導弾が、距離R、角度θ_aおよびθ_bで示される位置aおよびbのレーダ反射波を受信している様子を示している。誘導弾は、これらの位置における目標を検知するため、電波シーカのアンテナを斜めに向けて飛しょうしている。目標が静止している場合、電波シーカは誘導弾の速度によりドップラ周波数が変移（f_aおよびf_b）した信号を受信する。ドップラ周波数はラジアル速度に依存するため、各位置のドップラ周波数は異なる。また図3-9に示されるようにラジアル速度は角度θ_aおよびθ_bの関数である。電波シーカで受信したレーダ反射波からドップラ周波数をFFTにより解析してf_aおよびf_bを求め、次にドップラ周波数から角度を逆算し、スクイント角θ_aおよびθ_bを求める。

図3-35にDBSにおける角度分解能を示す。DBSはFFTにより角度を算出するため、図中の式1に示すように角度分解能はFFTの周波数分解能に依存する。式2に示すように、FFTの周波数分解能は、データ取得時間（FFTのポイント数とパルス繰返周期の積）の逆数であるため、角度分解能は、式3のように波長、速度、データ取得時間およびスクイント角の関数として表せる。

図3-36に式3を用いた角度分解能の例を示す。角度分解能はスクイント角および飛しょう速度が大きくなると小さくなることが分かる。例えば、電波シーカの送信周波数をX帯、アンテナ径を20cmとした場合、角度分解能は約9°と算出されるが[3-29]、スクイント角等を適当に設定することにより1°以下まで角度分解能を向上できる。従来の電波シーカに比較して角度分解能を十分に向上できる可能性がある。

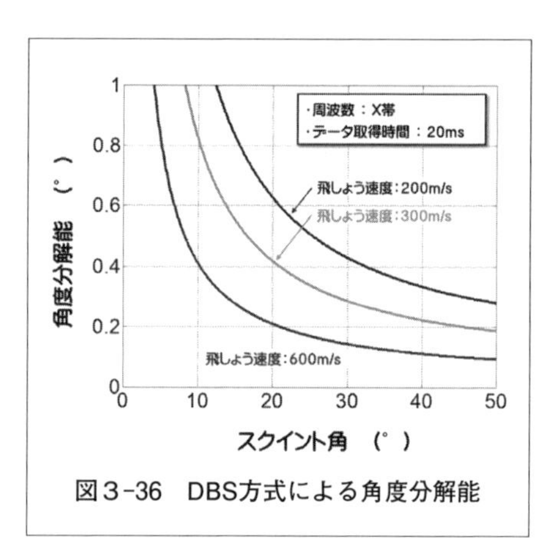

図3-36　DBS方式による角度分解能

(3) 電波シーカへのDBSの実装

図3-37に電波シーカにおけるDBSの処理の流れを示す。誘導弾の飛しょう速度を考慮すると、データ取得時間における誘導弾と目標との相対位置の変化はDBSの処理において重要である。例えば、データ取得開始時（A点）と終了時（B点）では、相対距離（RおよびR'）、スクイント角（θおよびθ'）およびラジアル速度（V$\cos\theta$およびV$\cos\theta'$）は異なる。飛しょう速度が高速であるため、データ取得時の相対位置の変化に伴い、例えば相対距離の変化は電波シーカの距離分解能以上に変化する。そのためDBSの処理を行う前に、受信信号に対して補正を行う必要がある。

補正は相対距離および位相に対して行う。相対距離および位相の補正は、データ取得時間中のすべてのデータがデータ取得時の地点（A点）で取得されたことを想定して行う。二つの補正を行った後、DBSにより角度の高分解能化を行う。なお補正を行うためにデータ取得中の誘導弾の位置を用いている。DBSを搭載した誘導弾を想定すると、例えば誘導弾に搭載している慣性装置で測位した位置を用いることが考えられる。

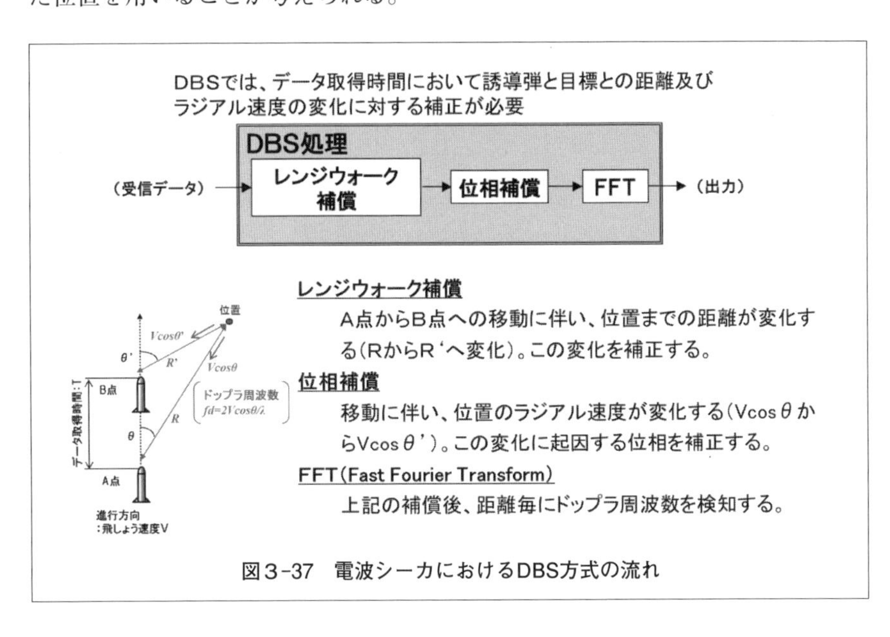

図3-37　電波シーカにおけるDBS方式の流れ

5.2 DBSによる角度高分解能処理例

DBSによる角度分解能の向上を確認するために電波シーカ（誘導装置１型）を研究試作（「アクティブ電波画像誘導方式の研究」、平成22年度から26年度実施）した[3-32、33]。これを用いて拘束飛しょう試験（Captive Flight Test：CFT［電波シーカを航空機に搭載し、誘導弾の飛しょう経路等を模擬してデータを取得する試験］）等を実施した。

（1）研究試作品

図３-38に誘導装置１型を示す。白色の円錐状のものがレドームであり、この中にアンテナが格納されている。灰色部分には信号処理部や制御処理部が格納されている。外部からは主に電源および冷却液が供給されて駆動する。電波シーカにおける信号処理の流れを同図に示す。目標に反射された電波は受信部で受信され、A/D変換部においてアナログ信号からデジタル信号へ変換され

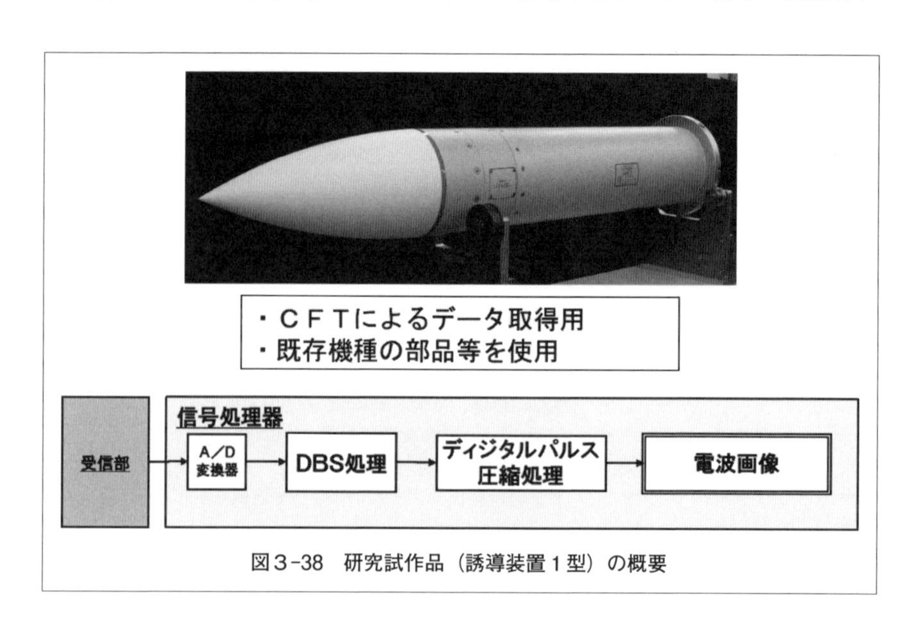

図３-38　研究試作品（誘導装置１型）の概要

る。DBS処理およびデジタルパルス圧縮により角度および距離の高分解能化がそれぞれ行われた後、電波画像が生成される。

（2）試験方法

図３-39にCFT（平成24年11月から平成25年１月にかけて技術研究本部航空装備研究所新島支所等で実施）の実施状況を示す。誘導装置１型は、技術研究本部岐阜試験場が所有する試験計測用航空機（BK117）の左前方下部に搭載し、海上の船舶を目標船（目標船１および２）とした。目標船１および２はGPSを搭載している。目標船１は定点に保持できる機能を有している。計測に必要な電源、制御装置等はBK117の機内に搭載した。

計測時は、目標船１およびBK117の座標をリアルタイムで機内のモニタに表示し、試験実施前に計画した飛行経路および目標船の位置となっていることを確認しながらデータを取得した。なおスクイント角を確保するため、BK117と目標船１の離隔距離は500m（基準）とした。計測時の移動速度は40m/s以上（50

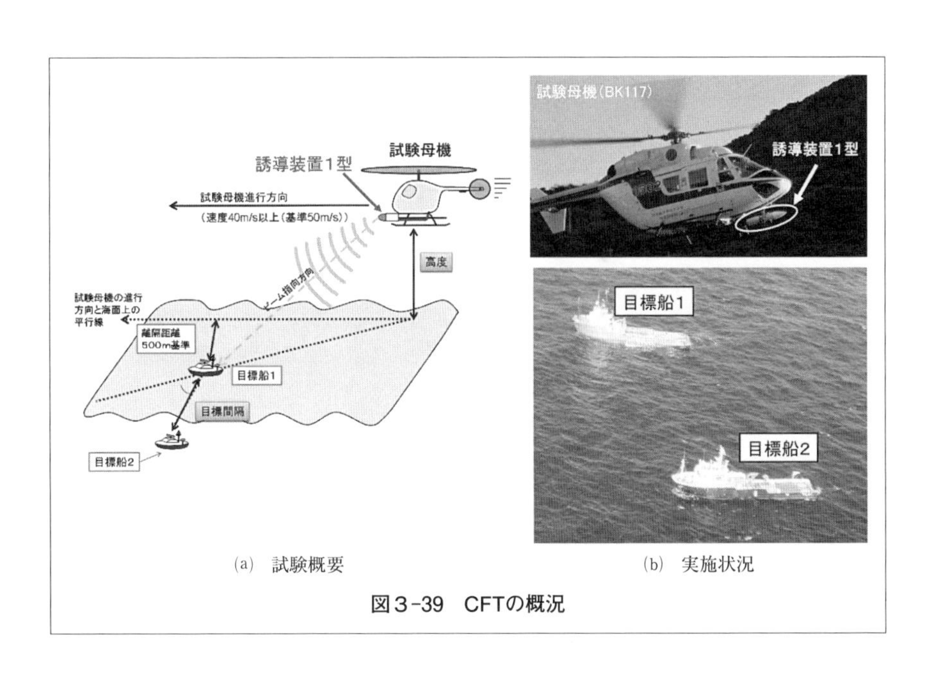

(a)　試験概要　　(b)　実施状況

図３-39　CFTの概況

m/sを基準）とした。

（3）試験結果

図3-40にアクティブ電波画像の生成例を示す（左右から中央の白っぽい部分にかけて信号強度が大きくなることを示す）。これより、目標船1および2の信号を確認することができる。これ以外の信号（白っぽい部分）は海面からの反射である（上部および下部の黒い部分は、データが含まれていない部分である）。電波画像の右および下には距離セル－信号強度および角度（ドップラ周波数）セル－信号強度をそれぞれ示す。双方ともに、目標船1および2の信号を確認することができる。

図3-41に角度分解能および距離分解能の確認結果例を示す。本研究では、角度および距離分解能は角度セルおよび距離セル一つあたりの大きさと定義し

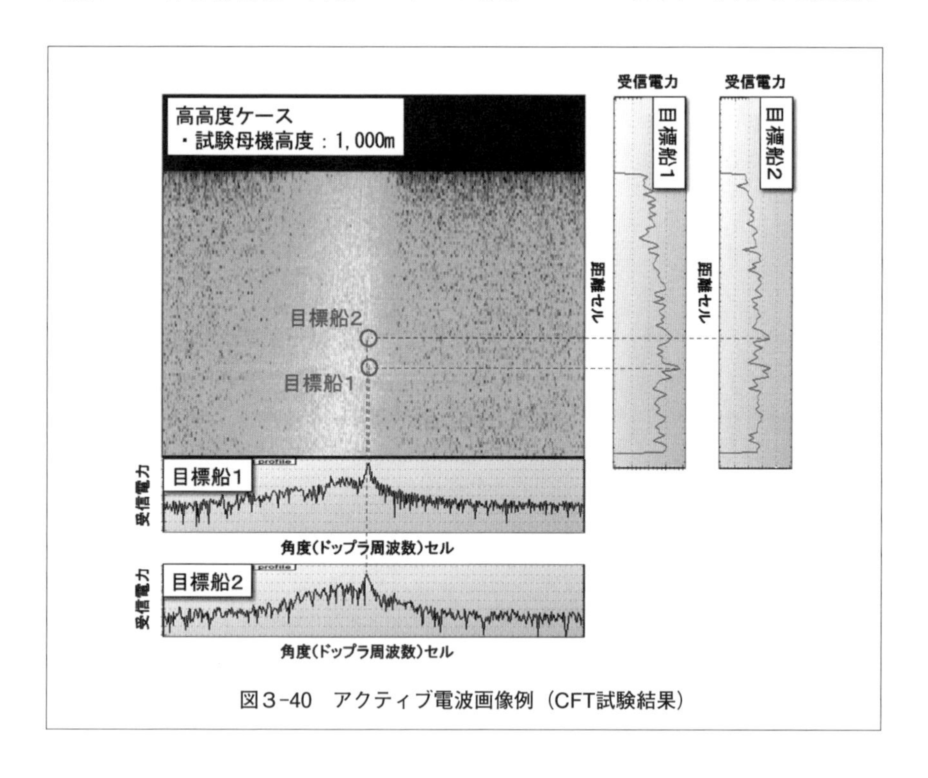

図3-40　アクティブ電波画像例（CFT試験結果）

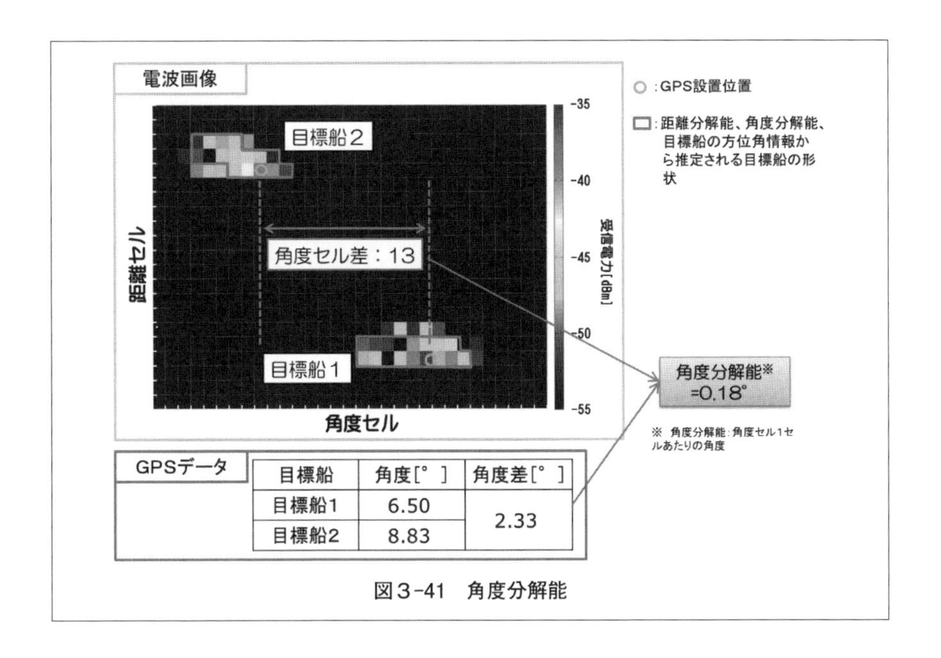

目標船	角度[°]	角度差[°]
目標船1	6.50	2.33
目標船2	8.83	

図３-41　角度分解能

ているため、アクティブ電波画像上から数えた目標船間の各セルの個数と目標船で測位した位置データを用いて分解能を算出した。例えば、目標船１および２に対する角度は6.50°および8.33°、角度セルは13個（目標船の反射信号の領域からGPSを搭載した位置を推定して角度セルを数えた）であるため角度分解能は0.18°（＝(8.83－6.50)/13）となる。これは、誘導装置１型のビーム幅に対して、数十分の一の大きさである。なお図３-35の式３から求めた分解能と比較すると、おおよそ一致していることを確認した。

以上の結果より、電波シーカにDBS処理を組み込むことにより角度分解能を向上させることが可能であることが分かった。

電波シーカの角度高分解能化のために、DBSを用いた処理の概要およびこれを実装した電波シーカを用いた実験結果例を紹介した。ビーム幅に比較して数十分の一の角度分解能が得られることを示した。これよりクラッタの抑圧およびS/Cの向上が可能となり、低RCS艦船等の目標の検知を期待できる。

第4章

無人機技術と戦闘機搭乗員のライフサポートシステム

1. 無人機技術

軍事用途における無人機の活用は世界的に拡大しており、ISR（Intelligence Surveillance Reconnaissance）任務を中心に幅広く装備化が進められている。一方、わが国においても無人機の重要性は認識されつつあるものの、自衛隊における無人機の装備化は、現在のところ限定されたものにとどまっている。防衛省技術研究本部では、1950年代より現在に至るまで大小さまざまな無人機に関する研究開発が続けられている。ここでは、防衛省技術研究本部で行われた研究開発のうち、

・滞空型無人機技術

・空中発進型無人機技術

・小型無人機技術

について最近の事例を紹介する。

1.1 滞空型無人機技術

長時間滞空が可能な滞空型無人機は、各国で盛んに開発が行われ、米国のPredator、Global Hawk、イスラエルのHeronのようにISR、攻撃等の任務で活用が進んでいる。防衛省技術研究本部でも1990年代前半から、高高度滞空用のレシプロエンジン過給器・翼型・プロペラなどの研究に着手し、これらの地上試験を行っている。その後、2003年度から高高度滞空型無人機システムに関する要素技術の熟成を図り、実飛行による技術実証に備えることを目的とした一連の「滞空型無人機要素技術（その１）～（その３）の研究試作」を実施している。

2003年度から2005年度にかけて実施した「滞空型無人機要素技術（その１）の研究試作」では、長時間滞空のための高アスペクト比主翼について突風に対応し、舵面を操舵することにより突風荷重を低減する突風荷重低減技術に関す

る研究試作を行った。研究試作では、主翼に配置した加速度センサ情報を基に適切にエルロン操舵し主翼突風荷重を低減する制御則を構築し（**図4－1**）、風洞試験により機能確認を行うための風洞試験模型を製作した。風洞試験は2005年10～11月に突風発生装置を備えたJAXAの２ｍ×２ｍ低速風洞において実施し（**図4－2**）、突風荷重低減機能により、突風遭遇時の翼根曲げモーメントを約50％低減できることを確認した。

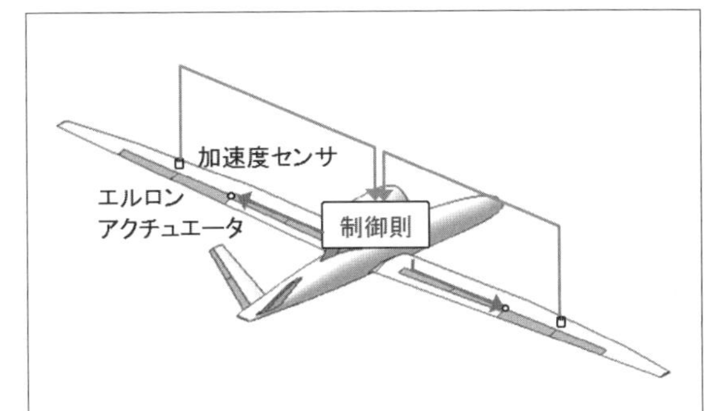

図4－1　突風荷重低減技術

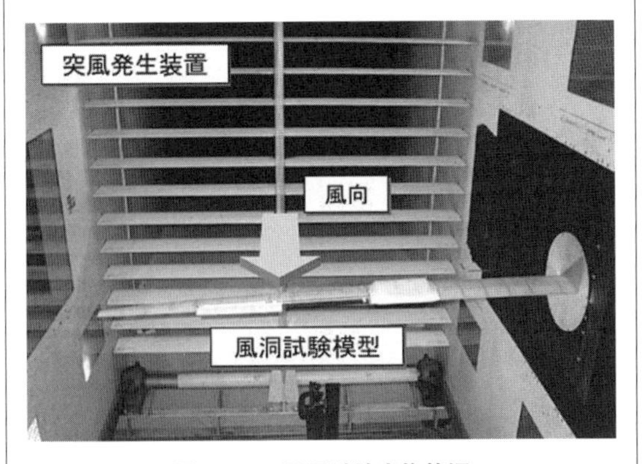

図4－2　風洞試験実施状況

2004年度から2007年度

図4－3　滞空型無人機要素技術（その２）の研究試作実験機

図4－4　滞空型無人機要素技術（その３）の研究試作実験機

にかけて実施した「滞空型無人機要素技術（その２）、（その３）の研究試作」では、滑走路上に自動離着陸を行う自動離着陸技術および周辺を飛行する航空機をトランスポンダ応答波やミリ波レーダにより探知し、衝突の危険性がある場合は自動的に衝突を回避する、自動衝突回避技術に関する研究試作を行った。研究試作では飛行実証を行うため、既存の動力滑空機を改修した実験機（**図４-３、４**）、ミリ波レーダ（**図４-５**）、実験機の管制を行う地上装置を製作した。飛行試験は2007年５～６月と2008年５～６月に大樹町多目的航空公園（北海道大樹町）において実施し、自動離着陸技術、自動衝突回避技術について実飛行により機能を確認した[4-1]。

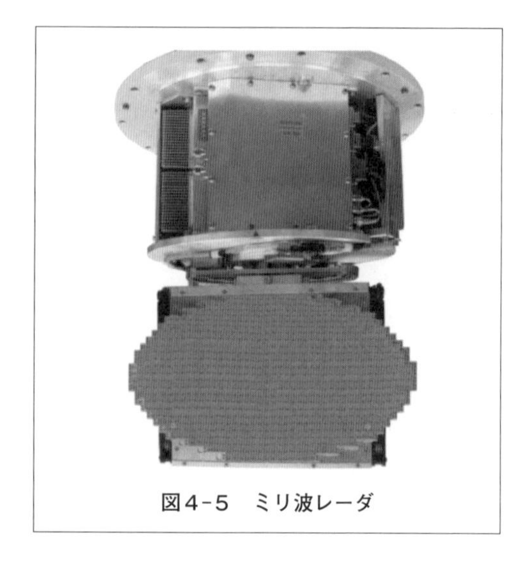

図４-５　ミリ波レーダ

飛行試験に使用した実験機は、自動操縦を行う機能を有するものの有人での運航を前提としており、航空法上はいずれも動力滑空機として扱われている。

１.２　空中発進型無人機技術

戦闘機から空中発進し偵察などの任務を行う空中発進型無人機は、世界的にも開発例が希少でデコイ・標的用途のものを除けば、わずかに米国のBQM-145[4-2]を数える程度である。一方で国土が狭隘で離発着場所の確保が難しく、四方を海に囲まれたわが国にとっては、空中発進・海上回収を行う空中発進型無人機は、国情に適していると考えられる。

1995年度から1998年度にかけて実施した「多用途小型無人機（その１）～（その３）の研究試作」では、母機であるF-4EJ型機から空中発進し、海上回収を行う無人機システム（**図4-6**）に関して研究試作を行った。研究試作では、無人機、地上から無人機の管制を行う操作装置などを製作している。無人機については、主翼を折り畳んだ状態でF-4EJ型機に携行され、空中発進後に主翼を展張する形式である（**図4-7**、**図4-8**）。また無人機は画像センサを搭載しており、画像センサと飛行制御を連携させ目標を自動的に追尾する機能を有している。無人機の諸元については**表4-1**に示す。

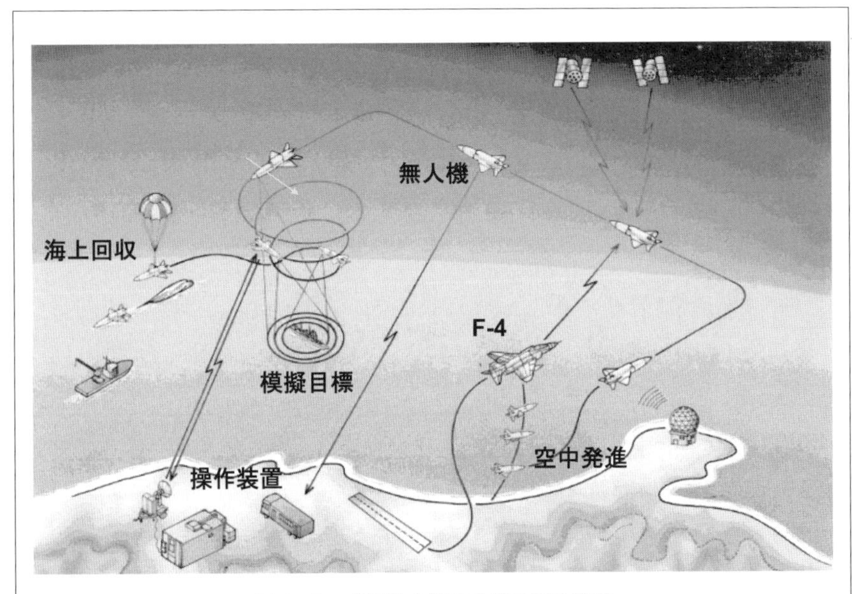

図4-6　多用途小型無人機の試験概要

図4-7　多用途小型無人機（母機携行時）

図4-8　多用途小型無人機（空中発進後）

表４-１　多用途小型無人機　諸元

最大全備重量	619kg
全　長	4.7m
全　幅	2.5m（主翼展張時） 1.7m（主翼折畳時）
全　高	1.0m
搭載センサ	画像センサ（赤外）

表４-２　多用途小型無人機・無人機研究システム飛行試験実施内容

母機適合性試験	無人機携行状態での母機の飛行特性・性能、無人機の母機からの離脱特性の確認の確認
CFT（Captive Flight Test）	無人機携行状態での無人機の機能の確認
自律飛行試験	無人機を発進させて無人機の飛行特性・性能・機能の確認

多用途小型無人機の飛行試験は、1998年度から2001年度にかけて航空自衛隊岐阜基地を母機の離発着場所、日本海上空および太平洋上空（母機適合性試験の一部のみ）の自衛隊訓練空域を試験空域として**表４-２**に示す内容について実施した。飛行試験については、母機の離発着場所である岐阜基地、操作装置・地上テレメータ受信装置の設置場所である小松基地、揚収船・目標船の母港である舞鶴港のそれぞれに試験隊が展開する大規模な試験となった。試験では空中発進、主翼展張、目標の追尾、海上回収までの一連の機能について確認した。

「多用途小型無人機の研究試作」に続き、2004年度から2009年度にかけて実施した「無人機研究システム（その１）～（その４）の試作」では、母機であるF-15型機から空中発進し、滑走路着陸を行う無人機システム（**図４-９**）を開発した。無人機研究システムの機体形状は多用途小型無人機のものを踏襲しつつ、滑走路着陸への対応、映像センサの前方視野の確保など考慮して設定している（**図４-10、11、表４-３**）。無人機システムとしては、無人機の他に任務時の無人機管制を行う操作装置、着陸場所に配置し着陸時の無人機管制を行う着陸支援装置（**図４-12**）などから構成される。無人機研究システムは、赤外・可視画像が撮影可能な映像センサを搭載しており、飛行制御と連携して目標を自動的に追尾する機能を有している。

無人機研究システムの飛行試験は、2008年度から2011年度にかけて多用途小型無人機と同様に、表４-２に示す内容について実施した。母機適合性試験・CFTについては航空自衛隊岐阜基地を母機の離発着場所、日本海・太平洋上空の自衛隊訓練空域を試験空域としている。自律飛行試験については海上自衛

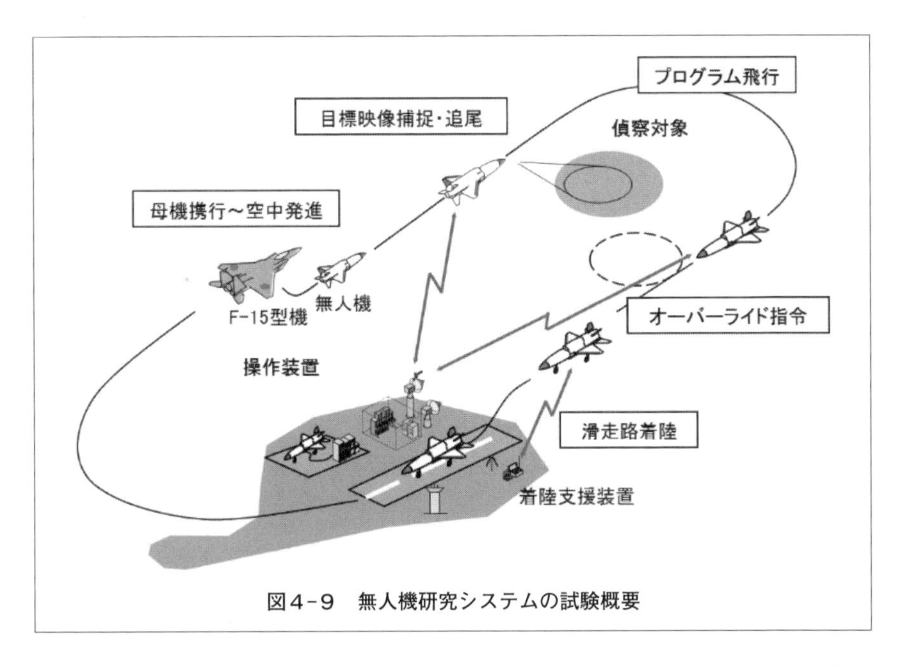

図4-9　無人機研究システムの試験概要

図4-10　無人機研究システム（母機携行時）

図4-11　無人機研究システム（脚下げ時）

隊硫黄島航空基地を母機の離発着場所・無人機の着陸場所、硫黄島周辺の自衛隊訓練空域を試験空域としている。硫黄島での飛行試験は、航空自衛隊・海上自衛隊との試験実施場所・輸送などの調整、国土交通省との空域調整、総務省との電波使用の

表4-3　無人機研究システム　諸元

最大全備重量	760kg
全　長	5.2m
全　幅	2.5m
全　高	1.6m
搭載センサ	画像センサ （赤外、可視）

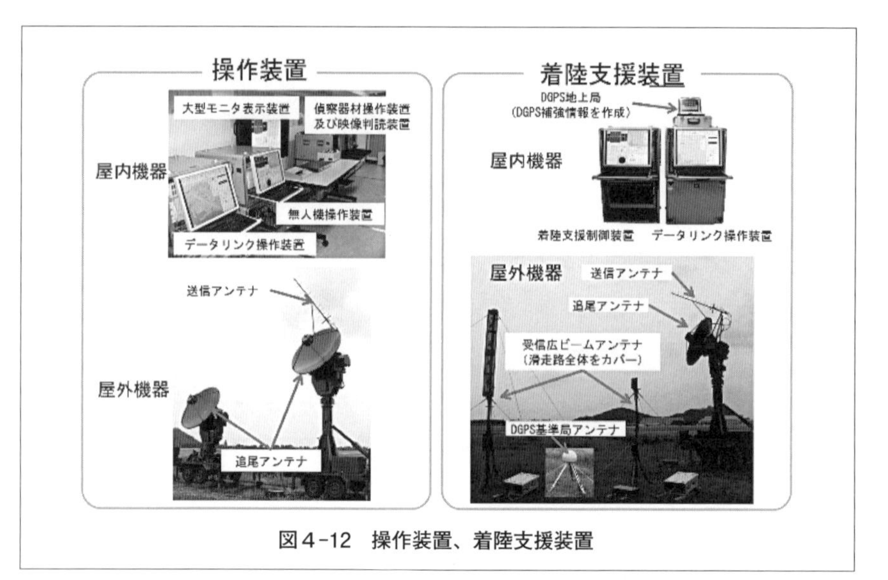

図4-12　操作装置、着陸支援装置

調整など、多くの関連機関との調整を要した[4-3]。試験では、空中発進、目標の追尾、滑走路着陸までの一連の機能について確認した。

無人機研究システムは、研究用途の無人機システムとして航空自衛隊において装備化され、2012年度より運用研究が行われている。

多用途小型無人機は最大全備重量619kg、無人機研究システムは760kgとともに比較的大型の機体であるが、航空法上はいずれも航空機ではなく「飛行に影響を及ぼすおそれのある行為」として扱われており、自衛隊の訓練空域内を国土交通大臣の許可を得た上で飛行している。

1.3　小型無人機技術

1～2名程度の人員で運搬・運用が可能な小型無人機については、各国で盛んに開発が行われ、近距離偵察用途の米国のRavenなど広く活用が進んでいる。防衛省技術研究本部でも2002年度より「携帯型飛行体技術の研究」を開始している。研究開始当時には、米国のBlack Widowをはじめとした翼幅15cm程度

図４-13　60cm級実験機

図４-14　150cm級実験機

の小型の飛行体が注目を集めていたが、無線を介した手動操縦を要するものであった。手動操縦では簡易な運用が困難であると考えられたため、「携帯型飛行体技術の研究」では、手動操縦によらずプリプログラム飛行が可能な小型無人機として、まず翼幅60cm級の実験機を製作する方針とした。製作された60cm級実験機（**図４-13、表４-４**）は、手投げにより発進、小型の可視カメラを搭載し、プリプログラム飛行が可能である。

その後の研究では、60cm級実験機に対しデータリンクの追加・飛行管制機能の向上、別途購入した150cm級実験機（**図４-14、表４-４**）に対し赤外線カメラの搭載などの機能向上を行いつつ、飛行試験を繰り返した。

表４-４　60cm級、150cm級実験機諸元

	60cm級	150cm級
全　幅	600mm	1,510mm
全　長	503mm	693mm
重　量	725 g	3,000 g
飛行時間	約30分	約60分
推進装置	電動モーター＋プロペラ、双発	
発進／回収方式	手投げ発進／胴体着陸	
航法・制御	プリプログラム飛行	
飛行センサ	３軸加速度、３軸角速度、３軸磁気方位、静圧、動圧、GPS	
画像センサ	可視カメラ	可視カメラ 赤外線カメラ

研究を通じて、実験機の製作と機能向上を行い、実用可能と考えられる水準まで到達することができた。これらの実験機については、航空法施行規則で制限される高度以下

を前提として飛行を行ったものである。

なお陸上自衛隊で装備化されているUAV（近距離用）JUXS-S1は、上記の150cm級実験機とほぼ同じサイズで、いずれも日立製作所により製造されたものである[4-4]。

防衛省技術研究本部における無人機の研究開発のうち最近の事例を紹介した。大小さまざまな無人機に関する研究開発により技術を蓄積してきたものの、装備化に至った事例は少数である。

今後の研究開発の方向性については、民間無人機で整備が進む予定である基準・規則への対応を図りつつ、引き続き技術の蓄積を行っていくことが考えられる。

2. 戦闘機搭乗員のライフサポートシステムに関する検討課題

高度33,000フィート（約10,000メートル）上空を飛行する旅客機では、多くの人々が窓の下に広がる雲を眺めながら目的地への快適な空の旅を体験している（**図4-15**）。しかしながら、窓の外は気圧や気温が低く、万が一、窓の外に放り出された場合、地上の気圧の約1/4での酸素不足や氷点下50℃以下の気温によって、1分程度で意識を失ってしまう低圧・低温の環境が広がっている[4-5]。この環境から、ヒトの身体を守り旅客機内の快適性を保つため、気圧と温度を適切にする空調与圧システムが旅客機には備えられ、私たちは大空の旅を楽しむことができている。

図4-15　旅客機から見た眼下の富士山

図4-16　射出座席による脱出[4-6]

高空の環境は戦闘機であっても同じであり、テレビや映画などでも見ることがあるように、非常事態では座席ごと搭乗員は機外に放出され、一瞬にして過酷な外の環境に曝される（**図4-16**）。また大空に五輪の紋様を描き、一糸乱れぬ編隊で宙返り飛行を見せてくれる航空自衛隊のブルーインパルス（**図4-17**）の機体の中では、搭乗員には旋回による大きな遠心加速度が掛かっており、血液が頭から下半身に流れ落ちて脳が虚血状態となる。それに抗するため、エア式のマッサージチェアと同様の原理による下半身を締め付ける耐G服を着用し、下半身とお腹に圧力をかけて、血液が頭から下半身に流れ落ちることを防ぎながら精密な操縦を行っている。

図4-17　航空自衛隊ブルーインパルス
（宮岡伸幸氏撮影）

このような過酷な航空環境において、非常事態に備えた生命維持のためのシステムと、飛行時のさまざまな環境変化の中でも的確に操縦を行い複雑な任務をこなす能力を維持するためのシステムとして、戦闘機搭乗員のためのライフ・サポート・システムは不可欠なものとなっている。近年、ライフ・サポート・システムは、航空機の発展に伴い重要視されつつある技術であり、以下にその現状と今後の課題について歴史的観点も加えつつ述べたい。

2.1　航空環境がヒトへ与える影響とライフサポートシステム

（1）加速度の影響

バケツに水を入れて大きく振り回して中の水をこぼさない遊びをした方や、ジェットコースターの中で、身体が遠心力によって横方向や頭からお尻の方向に体が押し付けられた経験をした方もいるのではないだろうか。これらの加速度が頭からお尻の方向に極端に大きくかかった場合、血液が下半身に集中して、頭への血流不足から生じる脳の虚血状態に伴う低酸素状態により、意識を失ってしまうことがある。前述のブルーインパルスの宙返り飛行では、地上の重力加速度の4倍が搭乗員の頭からお尻の方向にかかっている。現在の戦闘機は設

図４-18　1939年開発の耐G服[4-8]

図４-19　F-22戦闘機の耐G服[4-9]

計上、重力加速度の９倍までの飛行が可能となっており、大きな加速度による飛行で意識を失った事故が多数報告されている[4-7]。

加速度負荷による搭乗員の能力低下を防止する対策としては、加速度が掛かったときにズボン内の液体が下半身を圧迫して、血液が頭から下半身に流れ落ちることを防止し、心臓の血液量を保持させるためのオーバーズボン（**図４-18**）が1939年にカナダで考案され、Frabjs'MarkⅢ耐G服として実戦に投入された[4-8]。また同時期の日本でも、加速度負荷に関する実験研究やサラシを腹にまいて腹部を圧迫して飛行したとの記録がある。当時の下腹部や下半身を締め付けて静脈血が下半身に過度に貯留することを防止して、心臓の血液量を保持するという考え方は、現在の耐G服でも同じである。

現在の耐G服は、ズボンの中に空気袋を装着して加速度負荷量に応じて空気袋が膨らむことで下半身を圧迫する構造となっている。米空軍などの戦闘機の一部では、下半身を圧迫させることによる耐G能力を向上させる方式に加えて、加速度負荷による肺の容積減少防止と腹腔内圧を高めることを目的として、胸部に空気袋を備えたチョッキと加圧呼吸用マスクを使用し、チョッキと肺に同時に空気を送り込む装備が採用されている。本装備はF-22戦闘機にも装備されているが（図4-19）、試験飛行中に、高機動の繰り返しの加速度負荷による、判断力の低下に伴う射出座席の制限速度を超過しての脱出死亡事故が発生した[4-9]。

加速度負荷は脳への血流不足から生じる脳の低酸素障害を引き起こしている。加速度負荷と呼吸系については、加速度負荷中に耐G服の作動と100％濃度の酸素を吸入させた場合に胸部痛や肺活量の低下および咳き込みなどの症状を伴う加速度無気肺を発症する報告[4-10]、加速度負荷中に発話することにより意識を喪失した事例、F-22戦闘機においてもラプターカフといわれる特有のせき込み発生の報告[4-11]がある。加速度負荷による搭乗員の能力低下や意識喪失による事故防止は喫緊の課題であるが、後述する低圧低酸素症にも対応するための酸素系統と合わせた検討も不可欠である。

（2）高度の影響（圧力）

旅客機の中で、飲みかけのペットボトルが上空で膨れあがり、着陸時に凹んでいた経験をした方や、圧力変化によって耳が痛くなった経験をした方もいると思う。気圧の変化はヒトへさまざまな影響を及ぼし、極端な例ではあるが、高度63,000フィート（約19,200メートル）では、水が体温と同じ37℃で沸騰することから[4-12]、ヒトは裸で生命を維持することは不可能である。

低圧環境では、ヘンリーの法則（一定の温度において一定の溶媒に溶けることができる気体の量は圧力に比例する）で明らかなように、高度の上昇による圧力の低下で、体内に溶け込んでいるガス（主に窒素）が体内で気泡化することによる減圧症といわれる症状が発生する。減圧症は、関節痛や循環系・神経系の障害による意識喪失や呼吸停止・心停止などの重篤な障害が発生し、地上の半分の気圧になる18,000フィート（約5,500メートル）以上の高度に一定時間滞在する場合や、急激な圧力変化で発症する。航空自衛隊でも過去にF-4戦闘機などでの高高度ミッション中に減圧症による関節痛などを経験した搭乗員がいる。

減圧症の予防は、宇宙服のような与圧服といわれる服内の気圧を高く保持できる装備を着用するか、酸素濃度を高くした空気を吸入することで体内に溶け込んでいる窒素を、呼気により体外へ放出し、その危険性を減らすことで可能となる[4-5、12]。米空軍のU-2偵察機は、運用高度が83,500フィート（約25,500メートル）[4-13]であり、長時間飛行をすることから、

図4-20　U-2偵察機と搭乗員の与圧服[4-14]

与圧服を装着（**図4-20**）し、飛行前に高濃度酸素吸入による脱窒素を実施してから任務に就いている[4-12、14]。また宇宙空間で船外活動をする宇宙飛行士も宇宙服の中が低圧環境であることから宇宙ステーションの中で脱窒素を行ってから船外活動を実施している[4-15]。

現在、米空軍では、与圧服を着用しない飛行で、21,000フィート（約6,400メートル）以上の高度に曝される場合の飛行時間制限を公表している[4-16]。減圧症が発症する高度や滞在時間は、過去の発症事例に基づいた発症確率から求められている[4-12]。そのため、細部を明確に定めることが困難であるが、今後、高高度飛行とその飛行時間が増加するのであれば、減圧症のリスクの検討と脱窒素の方法について更に検討する必要がある。

（3）高度の影響（酸素）

富士山の５合目以上など高度が上がるに従い空気が薄くなるといわれ、具合が悪くなる経験をした方もいると思われる。これは、呼吸している空気中の酸素分圧が高度の上昇に伴って低くなるためである。空気中には約21％の酸素が含まれている。地上では大気圧759.97mmHgに対する酸素分圧がドルトンの法則（混合気体の全圧力は各成分の気体の分圧の和に等しい）により159.21mmHg、高度18,000フィート（約5,500メートル）では大気圧が

364.49mmHgで酸素分圧も79.55mmHgへ減少する[4-5]。ヒトはこの酸素分圧を利用して肺で酸素を血液に溶け込ませており、酸素分圧が低下すると肺で酸素を血液に溶け込ませにくくなる。このため、高い高度では空気が薄くなると感じるとともに、酸素が少なくなることの影響が生じる。

高度の上昇に伴う気圧の低下による酸素分圧の低下を補うのは、呼吸する空気の酸素濃度を高めるか加圧することで可能となる。**図4-21**に高度の変化に応じて、加圧することなく地上と同じ酸素分圧を得ることができる酸素濃度を示す。図4-21に示すように、高度34,000フィート（約10,400メートル）では酸素濃度100％を吸入することで、地上の酸素分圧との均衡をほぼ図ることができる。これ以上の高度で、地上と同じ酸素分圧を保つためには、呼吸する酸素を加圧する必要がある。例えば、高度45,000フィート（約13,700メートル）で酸素濃度100％を呼吸した場合の酸素分圧は111.25mmHgで、10,000フィート（約3,000メートル）級の山にいるのと同じ状態であり、不足する酸素分圧を加圧して補わなければ低酸素症を発症する状態になる。

低酸素症は、重大な症状が発症しない無関域から、５分以内に意識が消失す

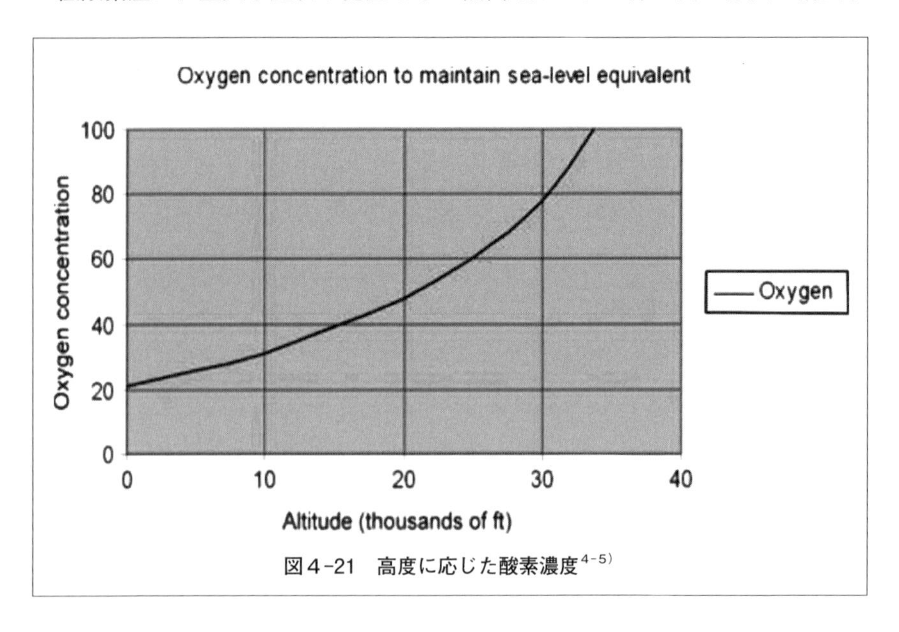

図4-21　高度に応じた酸素濃度[4-5]

る危険域に分類でき、高度と吸入酸素濃度と症状を**表4-5**に示す[4-5、12、17]。この表は、あくまでも地上で生活している健康なヒトを対象としており、高地で生活を営んでいる人々や陸上競技選手が高地トレーニングで高度に順応している場合は若干異なる。低酸素症は、高い山を登る場合など運動量が多いときに、空気中の酸素分圧の低下により必要な酸素量を得るための呼吸数が増えて、息苦しさや疲労を感じることで自覚できる。しかしながら、運動量が少ない飛行中の搭乗員は、代償域や障害域でも苦しい症状を感じることがほとんどなく、低酸素症にまったく気が付かない場合が多いことから、注意が必要である[4-17]。

低酸素症が関連した航空機事故は、リアジェット35型機が、高度49,000フィート（約14,900メートル）付近で自動操縦のまま燃料が尽きるまで飛行して墜落した事例がある。この事故では、航空管制官からの依頼で捜索確認にあたった戦闘機搭乗員から機体外観の異常は認められず、コクピットの窓ガラスが曇った状態であり搭乗員の状態は目視では確認できなかったとの報告があった。そして、事故後の調査結果より、与圧機構に何らかの異常が生じて低酸素症に陥り、意識を喪失したまま墜落したと強く推察されている。またギリシア航空522便ボーイング737－300型機の事故では、高度14,000フィート（約4,300メートル）で与圧の不具合が発生したが搭乗員が酸素マスクを装着せずに飛行し、その後、低酸素症で意識を喪失したまま高度34,000フィート（約10,400メートル）で飛行を継続して燃料切れにより墜落したと報告されている[4-18]。またガル

表4-5　高度と吸入酸素濃度と低酸素症の症状

区分	高度［フィート］		有効意識時間	生理変化概要
	空気呼吸	100%酸素呼吸		
無関域	0～10,000	34,000～39,000	－	低酸素症の症状が発現しない高度。 ただし、5,000［フィート］近傍で夜間視力は低下する。
代償域	10,000～15,000	39,000～42,500	－	呼吸数や脈拍数が増加することで、酸素不足を補うため、低酸素症の発現を防護できる。ただし、体調不良、長時間飛行（30分以上）等により、低酸素症に陥る可能性がある。
障害域	15,000～20,000	42,500～44,800	30分以内	以下の症状が現れる。 自覚症状：疲労感、眠気、めまい 他覚症状：視力、判断力および計算力の低下
危険域	20,000～23,000	44,800～45,500	5分以内	皮膚や粘膜が青紫色になるチアノーゼが現れ、その後、痙攣および意識喪失となる。

フストリームコマンダー式695型機が耐空証明検査受験前の社内確認飛行で、高度23,000フィート(約7,000メートル)を飛行中に、機長が低酸素状態に陥ったと推察された墜落事故が発生している[4-19]。

なお航空自衛隊では、密閉された部屋の圧力を減少させて低圧環境を地上で再現できる低圧訓練装置を使用し、すべての搭乗員に、低圧低酸素症の自覚と対処方法などを習熟する訓練を実施して、航空事故の防止を図っている。

旅客機の機内高度は、健常な人でも低酸素状態が生じる可能性がある高度2,438メートル（8,000フィート）を超えないように国土交通省耐空性審査要領および米国連邦航空規則（FAR）で規定されており、たとえ旅客機が高度45,000フィート（約13,700メートル）を飛行していても機内の高度は8,000フィート（約2,400メートル）以下を保持できるように与圧されている。

戦闘機では与圧機構が旅客機と異なり、**図4-22**に示すように飛行高度から一定の差圧で与圧する制御となっている。図4-22に示すように、戦闘機では

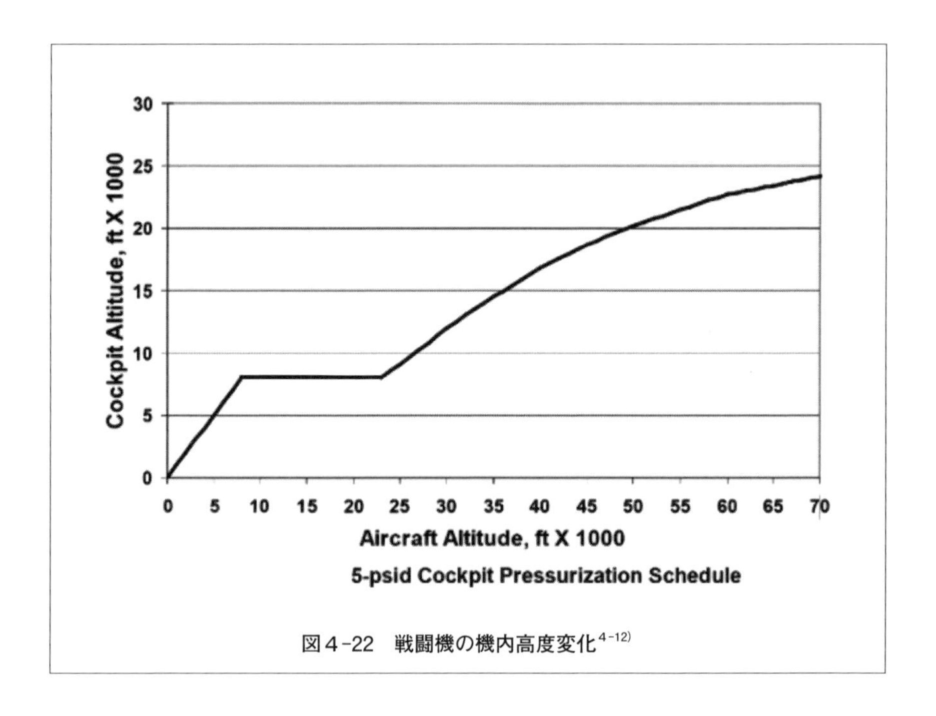

図4-22　戦闘機の機内高度変化[4-12]

機内高度が低酸素症を発症する高度8,000フィート（約2,400メートル）を超える。そのため、飛行高度に応じて変化する機内高度に対応した濃度の酸素を供給する必要がある。例えば、図4-22より、飛行高度49,000フィート（約14,900メートル）では、機内高度が約20,000フィート（約6,100メートル）になる。この機内高度では、図4-21より、49%濃度の酸素を吸入する必要がある。供給される酸素濃度は、機内高度に応じて自動で変化する。しかし、機材等の故障で必要な濃度の酸素が供給されない場合に、別系統の酸素への切り替えは、低酸素症の自覚が困難であることから一部の機体を除いて自動で行われている。また与圧機構の不具合や被弾などによる急減圧や、非常脱出をした際には、機内高度から飛行高度に変化することになり、高度に応じた高濃度酸素供給や加圧呼吸機能が必要となる。戦闘機搭乗員が、**図4-23**のようなヘルメットとマスクを装着している理由は、飛行中に高濃度の酸素の吸入や加圧呼吸をする必要があるためである。

図4-23　ヘルメットと酸素マスク[4-33]

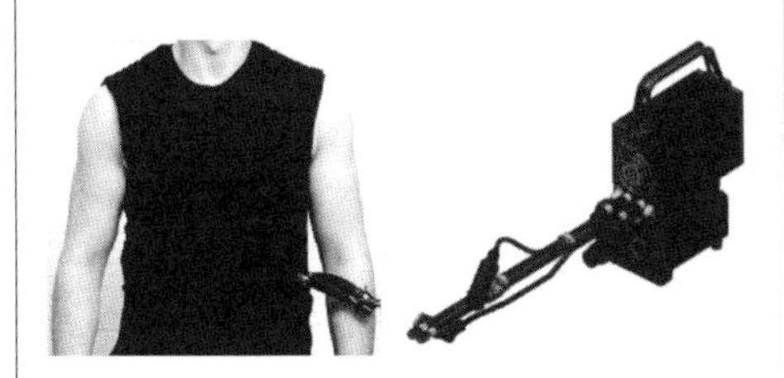

図4-24　搭乗員用冷却システム[4-21]

（4）日射の影響

上空に上がるほど気温が下がることから、機内は涼しいのではと想像される方も多いのではないだろうか。古い航空機では、空調設備や与圧機能が不十分で、電熱服などを着用して上空の寒さに耐える必要があった[4-5]。しかし、西日の差しこむ部屋の中や、日向に駐車した車内等の、直射日光を受けた場合の熱さを想像していただければ理解しやすいと思うが、現在の戦闘機内では、直射日光に照らされた搭乗員の飛行服表面の温度が40度を超えている[4-20]。F-35戦闘機などは、直射日光の影響に加えてコクピット内の電子機器等からの発熱の影響を考慮して搭乗員用の冷却システムを導入している。本システムは、液冷式パイプを組み込んだ冷却下着を着用し、可搬型の冷却液を循環させる機器から構成されている[4-21]（図4-24）。

（5）その他の影響

旅客機の機内はコーヒーを飲みながら会話を楽しむことができるまで防音されているが、滑走路の近くなどで聞くジェットエンジン騒音は我慢の限界を超え聴力低下をひきおこす場合がある。戦闘機の場合、機体近傍で作業する整備員は120dB以上の音に曝され[4-22]、操縦席の機内の騒音は100dBを超えるといわれており、聴力保護のためにもイヤーマフやヘルメットなどの防音保護具の着用が欠かせないものとなっている。

また高高度飛行で懸念される放射線の搭乗員への影響については、英国や米空軍等の調査結果より、搭乗員の年間被爆量が20mSv以下であり、問題の無いことが報告されている[4-12]。

前述の環境要因の他にも、複雑な任務をこなすための適切な環境を作るため、考慮しなければならない影響は多数ある。例えば、地上を歩いている私たちは頭から足に重力がかかり天地判断の基本となっている。しかしながら、重力のかかる方向がさまざまに変化する戦闘機では、基本となる天地判断が困難な場合が多い。目の前に地上と空の景色が広がっていれば簡単に天地判断は可能となるが、飛行中の雲中や夜間では景色による判断も困難となり間違った姿勢判断による事故につながる例が後を絶たない[4-5、7、12]。これは、空間識失調と呼ばれるものであるが、３次元空間を飛び回る鳥やコウモリと異なり、平面で生活するヒトの感覚で対処することは困難である。

2.2　今後のライフサポートシステムの課題

（1）設計のもとになる搭乗員

昨年度、航空自衛隊では戦闘機搭乗員の門戸が女性にも開放された。航空機搭乗員は、原則として身体検査の基準を満たしており、小柄な搭乗員から大柄の搭乗員までの身長の範囲は、女性搭乗員が含まれる場合であっても、大きく変わることがない。しかしながら、身体形状などには男女差が認められることから[4-23]、従来は女性を考慮する必要のなかった耐G服などについては形状の違いに対応する必要があるかもしれない。

また搭乗員の身体のサイズは**図4-25**に示すような幅がある。従来の操縦室設計では、デザイン・アイ・ポイントといわれる眼の位置を基点として、身長、座高、肩幅、手の長さなどが搭乗員集団の中心の値（これを50％タイル値という）を基準として、最も大きい操縦士（95％タイル値または99％タイル値）でも干渉しない、最も小さい操縦士（5％タイル値または1％タイル値）でも手が届くことを考慮した設計手法を用いていた。しかしながら、身長、座高、肩幅、手の長さなどすべてが5％タイル値や95％タイル値の搭乗員は存在しない。このため、実際の戦闘機などでは、座席の高さを調節してもデザイン・アイ・ポイントに眼の位置を合わせられない、操作具と脚とが干渉する、操作具に手が届かないなどの問題が報告されている[4-24、25]。

図4-25　戦闘機搭乗員用のライフサポートシステムと搭乗員の大きさの違い[4-12]

そのため装備品の設計において

は、従来の%タイル値の設計手法から、装備品を使用する搭乗員全体の原則として95%に適合するようにMIL-STD-1472が変更されている[4-26]。また米空軍や航空自衛隊では、操縦席等の設計でさまざまな身体形状の搭乗員を網羅できるようにするため、男女を含めた搭乗員の身体形状データを基にした身体形状モデルを作成している[4-25、27、28]。F-35戦闘機では、米空軍のモデル[4-28]を基に男女搭乗員の身体形状に適合するように機体開発が行われた。しかしながら、当初は体重が47kg（103ポンド）でもF-35戦闘機の搭乗員に含まれるように開発していたが、射出座席の安全性への配慮から一定以上の体重が必要であることが明らかになっている[4-29]。搭乗員は、身体形状だけでなくその適性等も考慮して選抜しているが、戦闘機はその性能追求も優先されることから、童話「シンデレラ」で舞踏会場に忘れられたガラスの靴がはける人を王子様が探したように、搭乗員を限定するのも選択肢の一つかもしれない。今後、設計の基となる身体形状等については議論しておく必要があると思われる。

（2）航空機システムとの連接

従来の戦闘機用ライフサポートシステムは、呼吸用の酸素系統や耐G服用の空気系統、音声通信の通信系統などの機体開発時に設計された各系統への接続口に、機体システムとは別のシステムとして設計した装備を接続して、運用するものであった。最新のF-35戦闘機用ライフサポートシステムでは、設計開発段階から航空機システムとの連接を考慮した開発が実施され、従来よりも航空機と一体となったシステムとして開発されている。前述の搭乗員用の冷却装置だけでなく、操縦に不可欠な飛行計器の一つであるヘッドアップディスプレイ（HUD）の機能をヘルメットマウンテッドディスプレイ（HMD）に付加しヘルメットと一体化して開発・装備化している[4-30]。

従来のHMDでは、ミサイル照準装置として、機体の改修とHMDをヘルメットに後付けする方式で搭載され、ヘルメットの重量が増加し重心位置が変化したことから、新しく専用設計されたHMDヘルメットに期待するところは大きいものがある。

また米空軍では、脱出時の風圧でヘルメットが飛ばされ、頭頸部へ重大な障害が発生した[4-31]。このことから、ヘルメットをはじめとする戦闘機用ライフサポートシステムは、射出座席の機能とも密接に関係する課題と位置付けられている。

（3）その他の課題

戦闘機搭乗員は操縦席に拘束された状態で任務を実施しており、空中給油機能の追加で飛行時間が延長してきた。そこで、長時間拘束された中での排泄の問題、水分等の補給の問題についても留意が必要となっている。さらには、長時間乗っているとヘルメットを脱ぎたくなるとの搭乗員からの意見もある。今後は、任務時間が長くなることを考慮した環境でなければ、継続した任務を実施することは困難であり、適切な機内環境の構築と機能を自動化すること等で、効率的かつ効果的に任務を遂行することが可能になると考えられる。

また搭乗員の意識喪失や間違った姿勢の判断、そして、航空機の位置や高さを誤認識したことによる事故[4-5、7、12、32]の発生を、搭乗員側に予防させるのは不可能に近い。2010年に発生したF-22戦闘機が酸素系統の不具合等で墜落した事故の調査報告書[4-33]でも提案されていた、自動地上衝突防止装置（Automatic Ground Collision Avoidance System（Auto-GCASまたはAGCA）が、2014年にF-16戦闘機に搭載されて事故を防止したことが報告された[4-34]。今後は、F-22およびF-35戦闘機への導入が具体的に検討されており[4-35]、搭載される機種の拡大が期待される。

ヒトは18世紀末から気球により大空へ上がり、1903年にライトフライヤーで大空へ飛び立ってから113年。その間、凍傷にかかり、低圧・低酸素の影響を受けて失神し、加速度負荷により意識喪失し、空間識失調により方向を見失い地上に激突するなど、先人たちのいくつもの事故経験を踏まえて現在に至っている。ヒトも航空環境も昔からまったく変わることなく今日に至っているが、そこを飛び回る航空機の性能は大きく向上し、より速く、より高く、より機動力を高めて今日に至っている。ライフサポートシステムについては、残念ながら、何らかのアクシデントが発生しその対応を図る度に、航空機の性能向上による新しい扉が開かれてきた。

F-22戦闘機は、1981年に次期主力戦闘機の構想が始まり、1991年に採用が決定されたが[4-36]、開発前からさまざまなライフサポートシステムが検討された。一方、1992年4月に機体重量を削減する必要性からバックアップ酸素装置の搭載を見送った経緯がある[4-37]。しかし、2012年にエンジン抽気システムの不具合につながって発生した機上酸素発生装置の機能低下による低酸素症による墜落事故が発生し、酸素装置も事故要因の一つと指摘された[4-33]。またF-22戦闘機は従来のF-15戦闘機等と比較して、上昇性能と高高度での旋回性能が格段に優れており、加速度負荷による判断力の低下を伴う死亡事故が発生しており[4-9]、ある意味でライフサポートシステムに新しい扉を開けた航空機といえるかもしれない。

航空機開発においては無駄な重量増加を避けて必要な性能を出すことは当たり前として、並行してライフサポートシステムは航空機の性能に見合うものでなければならない。戦闘機用のライフサポートシステムには、搭乗員の能力を最大限航空機の性能発揮に費やすことができるようにし、搭乗員の機能損失による墜落事故を回避させ、万が一、墜落するような事態に陥っても、安全に脱出し、最終的には救難されるまで生命を維持させることを目的としたトータルのシステムが必要とされている。

＜参考文献＞

1－1）防衛省・自衛隊website、「将来の戦闘機に関する研究開発ビジョン」について、August 25、2010、
http://www.mod.go.jp/j/press/news/2010/08/25a.html, July 21, 2014閲覧。
1－2）Air force Technology website, "F-117A Nighthawk Stealth Fighter",
http://www.airforce-technology.com/projects/f117/, July 21, 2014閲覧。
1－3）Fly Fighter Jet Blog, "F-22A Raptor fighters delivery flight at Langley Air Force Base",
http://www.flyfighterjet.com/jetflights/f-22-stealth-vs-eurofighter.html/f-22a-raptor-fighters-delivery-flight-at-langley-air-force-base-afb, July 21, 2014閲覧。
1－4）F-35 Lightning II Program Website Gallery-System Development and Demonstration Phase（SDD）,
http://www.jsf.mil/gallery/gal_photo_sdd.htm, July 21, 2014閲覧。
1－5）Airliners.net | Airplanes-Aviation-Aircraft-Aircraft Photos & News Website,
http://www.airliners.net/photo/Russia---Air/Sukhoi-T-50/2009569/L/, July 21, 2014閲覧。
1－6）Chinese Military Review website, "Grey Mighty Dragon Fifth Generation Stealth Fighter aircraft",
http://chinesemilitaryreview.blogspot.jp/2014/03/grey-mighty-dragon-fifth-generation.html, July 21, 2014閲覧。
1－7）Chinese Military Review website, "Shenyang J-31 Falcon Eagle Stealth Fighter Aircraft Back to Work",
http://chinesemilitaryreview.blogspot.jp/2014/05/shenyang-j-31-falcon-eagle-stealth.html, July 21, 2014閲覧。
1－8）Aviation International News website, "Former Official Describes Secret U.S. Bomber Acquisition", Sep 20, 2013,
http://www.ainonline.com/aviation-news/ain-defense-perspective/2013-09-20/former-official-describes-secret-us-bomber-acquisition, July 21, 2014閲覧。
1－9）Defense Update website, "Russian Air Force to Field a Stealth Bomber By 2020", Oct 6, 2013,
http://defense-update.com/20131006_russian-air-force-to-field-a-stealth-bomber-by-2020.html, July 21, 2014閲覧。
1－10）防衛省技術研究本部website　ニュース　先進技術実証機の現況、
http://www.mod.go.jp/trdi/news/1407_2.html, July 21, 2014閲覧。
1－11）McDonnell Douglas F-15 Eagle-Wikipedia, the free encyclopedia,
http://en.wikipedia.org/wiki/McDonnell_Douglas_F-15_Eagle, July 21, 2014閲覧。
1－12）Stealth Machinery website, "Lockheed-Boeing-General Dynamics F-22 Raptor Multi-role fighter",
http://paralay.net/f22.html, July 21, 2014閲覧。

1-13）NYTimes.com, “A Stealthier Helicopter for the Bin Laden Raid”, May 5, 2011, http://www.nytimes.com/interactive/2011/05/06/world/middleeast/20110506-a-stealthier-helicopter-for-the-bin-laden-raid.html, July 21, 2014閲覧。
1-14）Bell Boeing V-22 Osprey-Wikipedia, the free encyclopedia, http://en.wikipedia.org/wiki/Bell_Boeing_V-22_Osprey, July 21, 2014閲覧。
1-15）Bell V-280 Valor-The Future of Vertical Lift Takes Flight, http://bellv280.com/, July 21, 2014閲覧。
1-16）Aviation Week website, “Sikorsky Moves X2 Technology Up A Size For JMR”, Nov 4, 2013, http://aviationweek.com/awin/sikorsky-moves-x2-technology-size-jmr, July 21, 2014閲覧。
1-17）井出正城、宇田川直彦、川口仁、麻生充浩、“一体型MDCシステムの研究　事業概要”、第51回飛行機シンポジウム、2013。
1-18）B. Roeseler, B. Sarh, and M. Kismarton, Composite Structures - The First 100 Years, 16th International Conference on Composite Materials, 2007.
1-19）雑学！ミリテク広場　ステルス戦闘機の重量問題とセキュリティ！、防衛技術ジャーナル、392号、2013.
1-20）http://www.globalsecurity.org/military/systems/aircraft/f-22-mp.htm（平成26年7月28日参照）
1-21）http://www.compositesworld.com/articles/skinning-the-f-35-fighter（平成26年7月28日参照）
1-22）http://www.toray.co.jp/ir/pdf/lib/lib_a357.pdf（平成26年7月28日参照）
1-23）https://www.press.bmwgroup.com/japan/download.html?textId=180872&textAttachmentId=225206（平成26年7月28日参照）
1-24）http://www.compositesworld.com/articles/testing-the-crashworthiness-of-composite-structures（平成26年7月28日参照）
1-25）J. A. Plumer, and J. D. Robb, The Direct Effects of Lightning on Aircraft, IEEE Transactions on Electromagnetic Compatibility, EMC-24(2), pp.158-172, 1982.
1-26）http://seattletimes.com/html/businesstechnology/2002844619_boeing05.html（平成26年7月28日参照）
1-27）新版　複合材料・技術総覧、産業技術サービスセンター、2011.
1-28）S. A. Resetar, J. C. Rogers, R. W. Hess, Advanced Airframe Structural Materials A Primer and Cost Estimating Methodology, RAND, R-4016-AF, 1991.
1-29）F. C. Campbell, Manufacturing Processes for Advanced Composite, Elsevier, 2004.
1-30）J. D. Russell, Composites Affordability Initiative Overview, ASIP Conference, 2006.
1-31）http://www.bopacs.eu/（平成26年7月28日参照）
1-32）http://ec.europa.eu/research/transport/projects/items/abitas_en.htm（平成26年7月28日参照）
1-33）http://www.compositesworld.com/articles/certification-of-bonded-composite-primary-structures（平成26年7月28日参照）

1 -34）http://www.compositesworld.com/columns/advanced-composite-cargo-aircraft-proves-large-structure-practicality（平成26年７月28日参照）
1 -35）http://www.compositesworld.com/articles/out-of-autoclave-prepregs-hype-or-revolution（平成26年7月28日参照）
1 -36）http://archive.today/20120718111814/http://www.af.mil/news/story.asp?id=123152339（平成26年7月28日参照）
1 -37）R. D. Adams編、接着工学、㈱エヌ・ティー・エス、2008.
1 -38）FAR Part 23, Airworthiness Standards: Normal, Utility, Acrobatic, and Commuter Category Airplanes, U. S. Department of Transportation Federal Aviation Administration（平成26年7月28日参照）
1 -39）AC20-107B, Composite Aircraft Structure, U. S. Department of Transportation Federal Aviation Administration, 2009.
1 -40）JSSG-2006, Aircraft Structures, U. S. Department of Defense, 1998.
1 -41）J. D. Cronkhite, Design of Airframe Structures for Crash Impact, AHS National Specialist's Meeting on Crashworthy Design of Rotorcraft, 1986.
1 -42）MIL-STD-1290A（AV）Light Fixed-and Rotary Wing Aircraft Crashworthiness, U. S. Department of Defense, 1974.
1 -43）K. B. Amer and R. W. Prouty, Technology Advances in the AH-64 Apache Advanced Attack Helicopter, the 39th Annual National Forum of the American Helicopter Society, 1983.
1 -44）J. Majamaki, Impact Simulations of a Composite Helicopter Structures with MSC. Dytran, the MSC Software 2002 Worldwide Aerospace Conference and Technology Showcase, 2002.
1 -45）S. Kellas, K. E. Jackson, Deployable System for Crash-Load Attenuation, the 63th American Helicopter Society Forum, 2007.
1 -46）T. Iguchi, T. Hayashi, Y. Kanno, A. Yokoyama, M. Ito, Drop Tests of Helicopter Sub-Components with Composite Absorbers, Heli Japan, 2010.
1 -47）林、小竹、横山、田村、樋口、丸山、複合材料製衝撃吸収構造を有するヘリコプターキャビンの落下試験、飛行機シンポジウム、2014.
1 -48）MIL-S-58095（AV）Seat System: Crash-Resistant, Non-Ejection, Aircrew, General Specification for, U. S. Department of Defense, 1971.
1 -49）JSSG-2010-7, Crew Systems Crash Protection Handbook, U. S. Department of Defense, 1998.
1 -50）A. M. Eiband, Human Tolerance to Rapidly Applied Accelerations: A Summary of the Literature, NASA MEMO 5-19-59E, 1959.
1 -51）最新航空用語150、酣燈社、1989年７月、p.141。
1 -52）http://www.nasa.gov/centers/dryden/pdf/88699main_H-2425.pdf（2014.9.2閲覧）
1 -53）http://www.aerodays2006.org/sessions/E_Sessions/E6/E61.pdf（2014.9.2閲覧）
1 -54）中澤裕、"航空機用電動アクチュエータに関する研究"、防衛技術ジャーナル、289号、2005年４月、pp.34-37。

1-55）井出正城他、"電動アクチュエーションシステムに関する研究—高電圧電源システム—"、防衛技術シンポジウム2013。

1-56）http://www.meti.go.jp/committee/materials2/downloadfiles/g100325b05j07.pdf（2014.9.2閲覧）

1-57）http://www.icas.org/ICAS_ARCHIVE/ICAS2006/PAPERS/048.PDF（2014.9.2閲覧）

1-58）http://uppsagd.files.wordpress.com/2012/02/moog_fas_2012_newsletter.pdf（2014.9.2閲覧）

1-59）菊本浩介 他、"ウェポンベイ周りの空力現象"、防衛技術シンポジウム2012、http://www.mod.go.jp/trdi/research/dts2012.html

1-60）M. B. Tracy and E. B. Plentovich, "Characterization of Cavity Flow Fields Using Pressure Data Obtained in the Langley 0.3-Meter Transonic Cryogenic Tunnel," NASA Technical Memorandum 4436, 1993.

1-61）J. E. Rossiter, "Wind-Tunnel Experiments on the Flow over Rectangular Cavities at Subsonic and Transonic Speeds," ARC R&M 3438, 1966.

1-62）杉田親美、"三音速風洞の概要"、第45回飛行機シンポジウム講演集、日本航空宇宙学会、pp.7-12、2007年10月。

2-1）中村佳朗、鈴木弘一、"ジェットエンジン"、森北出版㈱、2004.10。

2-2）秋津満、"高バイパス比ターボファンエンジンについて" 日本ガスタービン学会誌、Vol.40　No.3、2012.5。

2-3）及部朋紀、平野篤、"次期固定翼哨戒機（XP-1）の性能確認試験（エンジン試験）" 第51回飛行機シンポジウム、2013.11。

2-4）瀧澤義和、"先進技術実証機"、防衛技術シンポジウム2012。

2-5）防衛省・自衛隊website、「将来の戦闘機に関する研究開発ビジョン」について、August 25、2010、http;//www.mod.go.jp/j/press/news/2010/08/25a.html, October 2, 2014閲覧。

2-6）防衛省・自衛隊 website、http://www.mod.go.jp/j/approach/others/service/kanshi_koritsu/h25/h25_kouhyoushiryo.pdf、8、2013.6, October 22, 2014閲覧。

2-7）防衛省・自衛隊website、「主要装備T-4」、http://www.mod.go.jp/asdf/equipment/renshuuki/T-4/, October 2, 2014閲覧。

2-8）山根秀公他、XF3-400再熱ターボファンエンジンの研究、第38回航空原動機・宇宙推進講演会、航空宇宙学会、p156-161、1998. 1. 29-30。

2-9）林利光他、防衛省におけるジェットエンジン研究開発の歴史と将来への展望、日本ガスタービン学会誌Vol.34、No.3、p26-27、2006.5。

2-10）http://web.archive.org/web/20060715190755/http://www.pr.afrl.af.mil/divisions/prt/ihptet/ihptet_brochure.pdf/, October 3, 2014閲覧。

2-11）An AIAA Position Paper, THE VERSATILE AFFORDABLE ADVANCED TURBINE ENGINES（VAATE）INITIATIVE, January, 2006。

2-12）N. A. Cumpsty, Jet Propulsion: A Simple Guide to Aerodynamic and

Thermodynamic Design and performance of jet engines, Cambridge: Cambridge University Press, p52, 2001。

2-13) 独立行政法人 物質・材料研究機構、NIMS NOW、2009.Vol.9 No.8 通巻101号、p3、平成21年10月発行。

2-14) NIMS website、http://sakimori.nims.go.jp/topics/RRCenter_NIMS_e.html、/ October 3, 2014閲覧。

2-15) NIMS website、「特命研究－超耐熱材料」、http://sakimori.nims.go.jp/ October 3, 2014閲覧。

2-16) cfmWebsite," CFM newsletter, Ceramic Matrix Composites … capability beyond metal", Volume 5, Issue 1・June 2014, http://www.cfmaeroengines.com/files/newsletters/CFM_Newsletter_Jun2014.pdf, October 7, 2014閲覧。

2-17) cfmWebsite," http://www.cfmaeroengines.com/files/brochures/LEAPV3-def.pdf", October 7, 2014閲覧。

2-18) 大北洋治、航空エンジンにおける冷却技術の動向、日本ガスタービン学会誌、Vol.38、No.3、p13、2010.5。

2-19) S. A. Danczyk," Experimental and Numerical Analysis of Transpiration Cooling of a Rocket Engine Using Lamilloy® Plates", Presented at the 53rd JANNAF Joint Propulsion Meeting (JPM), 2nd Liquid Propulsion Subcommittee (LPS) and Spacecraft Propulsion Subcommittee (SPS), Monterey, CA, 5-8 Dec 2005。

2-20) 吉田豊明、ガスタービンの高温化と冷却技術、日本ガスタービン学会調査研究委員会成果報告、p128、1997。

2-21) PRAXAIR SURFACE TECHNOLOGIES Website, http://www.praxairsurfacetechnologies.com/na/us/pst/pst.nsf/0/52E8B4E608B4BB04852576A50056FB73?OpenDocument, October 20 2014閲覧。

2-22) Strangman, T. E., Columnar Grain Ceramic Thermal Barrier Coatings, U. S. Patent No. 4, 321, 311, March, 1982.

2-23) 独立行政法人 物質・材料研究機構、NIMS NOW、2009. Vol.9 No.8 通巻101号、p3、平成21年10月発行。

2-24) 山口哲央他、EB-PVD法で合成したZrO2-Y2O3-La2O3皮膜の相安定性と熱サイクル特性、日本金属学会誌、第69巻 第1号、p43-47、2005。

2-25) 松永康夫他、EB-PVD法でアルミナ層を蒸着したCoNiCrAlYボンドコート材の高温酸化挙動、日本金属学会誌、第69巻 第1号、p80-85、2005。

2-26) 独立行政法人 物質・材料研究機構、NIMS NOW、2009. Vol.9 No.8 通巻101号、p5、平成21年10月発行。

2-27) 佐藤豊一、防衛省におけるジェットエンジン用耐熱合金の研究について、日本学術振興会・耐熱金属材料第123委員会・平成23年11月期討論会、2011.11.29。

2-28) 三菱マテリアル株式会社、独立行政法人物質・材料研究機構、高温タービンディスク製造技術に関する研究開発成果報告、独立行政法人新エネルギー・産業技術総合開発機構、平成21年5月。

2-29) NASA Glenn Research Center website, "Distributed Engine Control", December,

2009, http://www.grc.nasa.gov/WWW/cdtb/aboutus/workshop2009/DEC_1_Culley.pdf, November 4, 2014閲覧。

2-30) Air Force Research Laboratory, Propulsion Technology Planning for Engine Health Management, http://www.netl.doe.gov/publications/proceedings/02/turbines/gastineau.pdf, November 4, 2014閲覧。

2-31) The University of Nottingham website, "Examples of More Electric Aircraft Research in the Aerospace Research Center", http://www.nottingham.ac.uk/aerospace/documents/moreelectricaircarftresearch.pdf, November 4, 2014閲覧。

2-32) 防衛省・自衛隊website、「将来の戦闘機に関する研究開発ビジョン」について、August 25, 2010, http://www.mod.go.jp/j/press/news/2010/08/25a.html, November 4, 2014閲覧。

2-33) DGLR website, "Power Optimised Aircraft", June 20, 2006, http://www.dglr.de/veranstaltungen/extern/aerodays2006/sessions/E_Sessions/E6/E61.pdf, November 4, 2014閲覧。

2-34) International Council of the Aeronautical Sciences website, "Electric Demonstration Systems of the Gas-Turbine Engine for the More Electric Aircraft", September 2, 2013, http://www.icas.org/media/pdf/Workshops/2013/MoreelectricalaircraftGulienko.pdf, November 4, 2014閲覧。

2-35) 防衛省技術研究本部website、外部評価報告書「高運動飛行制御システムの研究」、http://www.mod.go.jp/trdi/research/gaibuhyouka/pdf/FLCS_21.pdf, November 4, 2014閲覧。

2-36) 舟越義浩、井上寛之、及部朋紀、永井正夫、"将来戦闘機に向けたエンジンの研究実施状況と今後の展望"、防衛技術シンポジウム2014。

3-1) http://www.mod.go.jp/j/approach/hyouka/seisaku/results/25/pdf/jizen_03_honbun.pdf

3-2) http://www.mod.go.jp/j/approach/hyouka/seisaku/results/25/pdf/jizen_03_sankou.pdf

3-3) http://www.ndia.org/Resources/OnlineProceedings/Documents/0100/0100-AegisBMDOverview-RDMLHorn.pdf

3-4) ロシア宇宙庁Information-analytical centre HP (http://www.glonass-center.ru/en/)

3-5) 欧州衛星航法システム庁The European GNSS Agency HP (http://www.gsa.europa.eu/galileo/programme)

3-6) 北斗衛星航法システムBeidou Navigation Satellite System HP (en. beidou. gov. cn)

3-7) 航空宇宙開発機構「準天頂衛星システムプロジェクトの終了審査の結果について」(平成25年12月24日).

3-8) 杉本末雄他編集　GPSハンドブック（朝倉書店）12.3　GPS/INS複合航法.

3-9) Paul Zarchan Tactical and Strategic Missile Guidance Fifth Edition Chapter 8.

3-10) Technology Today Highlighting Raytheon's Technology Raytheon's 2012 ISSUE 2.

3-11) 防衛技術ジャーナル編集部 編、"ミサイル技術のすべて"、(一財) 防衛技術協会、

2006.10、p.114-128.
3-12) 稲石　敦、"ミサイルの誘導制御技術"、防衛技術ジャーナル、362号、2011.5.
3-13) http://www.raytheon.com/capabilities/products/amraam/（2015.4.10閲覧）
3-14) S. S. CHIN, "MISSILE CONFIGURATION DESIGN", 1961, p.15.
3-15) http://marvellouswings.com/Aircraft/Missile/M-120/M-120.html（2015.6.1閲覧）
3-16) http://www.donhollway.com/foxtwo/（2015.6.1閲覧）
3-17) 久野治義、"ミサイル工学事典"、原書房、1990.12、p.112-113、141.
3-18) http://fas.org/spp/starwars/program/t2.jpg（2015.6.1閲覧）
3-19) http://www.rocket.com/thaad-dacs-system（2015.4.13閲覧）
3-20) 防衛省ホームページ、平成26年度政策評価書（事前の事業評価）事業名：高高度迎撃用飛しょう体技術の研究（2015.6.1閲覧）
3-21) 稲石敦："技術総説 ミサイルの誘導制御技術"、防衛技術ジャーナル、5月号 2011。
3-22) N. Gilbert: "Agent-based models", SAGE Publications, 2007.
3-23) S. J. Russell and P. Norvig："エージェントアプローチ人工知能 第2版"、共立出版、2008。
3-24) http://www.globalsecurity.org/military/systems/ship/dd-x-specs.htm（確認日2012.1.10）
3-25) http://www.globalsecurity.org/military/world/europe/visby-pics.htm（確認日2012.1.10）
3-26) http://www.globalsecurity.org/military/world/india/f-project-17-specs.htm（確認日2012.1.10）
3-27) S. Watts, 'Radar Detection Prediction in K-Distributed Sea Clutter and Thermal Noise, 'IEEE Trans. on Aerospace and Electronic Systems vol. AES-23, no.1, pp.40-45, Jan., 1987.
3-28) F. Gini, M. V. Greco, M. Diani and L. Verrazzani, 'Performance Analysis of Two Adaptive Radar Detectors Against Non-Gaussian Real Sea Clutter Data,' IEEE Trans. on Aerospace and Electronic Systems vol. 36, no.4, pp1429-143 Oct., 2000.
3-29) M. I. Skolnik, RADAR HANDBOOK 2nd Ed., MacGraw Hill, 1990.
3-30) W. G. Carrara, R. S. Goodman and R. M. Majewski, Spotlight Synthetic Aperture Radar Signal Processing Algorithms, Artech House, 1995.
3-31) S. A. Hovanessian, INTRODUCTION TO SENSOR SYSTEMS, Artech House, 1988.
3-32) 外部評価報告書「アクティブ電波画像技術」、http://www.mod.go.jp/trdi/research/gaibuhyouka/pdf/ActRadioImage_23.pdf.（確認日2015.5.25）
3-33) 外部評価報告書「アクティブ電波画像技術の研究」、http://www.mod.go.jp/trdi/research/gaibuhyouka/pdf/ActRadioImage_25.pdf.（確認日2015.5.25）

4-1) 才上隆他、"滞空型無人機の研究—飛行実証について"、第46回飛行機シンポジウム講演集、日本航空宇宙学会、pp.290-294、2008年10月。
4-2) K. Munson, "Jane's Unmanned Aerial Vehicles and Targets Issue 21", Jane's Information Group, 2002.

4-3）才上隆他、“無人機の試験技術について”、防衛技術シンポジウム2012、http://www.mod.go.jp/trdi/research/dts2012/R3-5p.pdf
4-4）池之座将太他、“空から情報を収集する小型無人航空機システム”、日立評論Vol.94 No.09、pp.56-59、2012年9月。
4-5）Fundamentals of aerospace medicine, editors, Davis JR et al. 4th ed. LIPPINCOTT WILLIAMS & WILKINS, a Wolters Kluwer business PA USA 2008
4-6）http://www.martin-baker.com/services/testing-and-qualifications
4-7）http://usaf.aib.law.af.mil/
4-8）MAN IN FLIGHT Biomedical Achievements in Aerospace, Engle E, Lott AS LEEWARD PUBLICATIONS Inc. ML USA. 1979.
4-9）Peter W. Merlin, Gregg A. Bendrick, Dwight A. Holland. Breaking the mishap chain : human factors lessons learned from aerospace accidents and incidents in research, flight test, and development, NASA, 2012.
4-10）Claister,DH. The effects of gravity and acceleration on the lung. AGARDograph 133, 1970.
4-11）Lyon WC., F-22 Pilot Physiological Issues, DEPARTMENT OF DEFENSE PRESENTATION TO THE HOUSE ARMED SERVICES COMMITTEE SUBCOMMITTEE ON TACTICAL AIR AND LAND FORCES U.S. HOUSE OF REPRESENTATIVES, September 13, 2012.
4-12）Woodrow AD, Webb JT. Handbook of aerospace and operational physiology, AFRL-SA-WP-SR-2011-0003, 2011.
4-13）THE VITAL GUIDE TO MILITARY AIRCRAFT, editor Hewson R. 2nd ed. Airlife Publishing UK 2001.
4-14）http://www.af.mil/News/ArticleDisplay/tabid/223/Article/565845/female-u-2-pilot-blazes-trail-through-society-and-space.aspx
4-15）Lange KE, et.al., Bounding the spacecraft atmosphere design space for future exploration missions, NASA/CR-2005-213689, 2005
4-16）AIR FORCE INSTRUCTION 11-202 VOLUME 3, Flying Operations GENERAL FLIGHT RULES,7 NOVEMBER 2014.
4-17）防衛医学，赤松知光編，第7章航空医学，埼玉県，防衛医学振興会，2007.
4-18）加藤寛一郎，まさかの墜落，東京都，大和書房，2007.
4-19）航空・鉄道事故調査委員会，航空事故調査報告書，AA2004-4，2004.
4-20）尾崎博和他，Thermal stress and thermal strain of JASDF pilots and cockpit environment during flight, 航空医学実験隊報告，43（3），25-34，2003.
4-21）http://www.safeeurope.co.uk/media/1091/14-b-smith-jsf-pcu-development-and-verification-update.pdf#search='F35+pilot+cooling+unit'
4-22）西修二他，航空自衛隊F-15型機整備員の騒音及び揮発性有機化合物曝露環境について，航空医学実験隊報告，53（3），25-36, 2013.
4-23）西修二他，航空自衛隊員の身体計測値—男性操縦士及び女性操縦士相当の身体各部計測値—（平成10・11年計測）の作成について，航空医学実験隊報告，44（1.2），13-

24, 2004.
4 -24) Zehner GF Prediction of anthropometric Accommodation in aircraft cockpits, AFRL-HE-WP-TR-2001-0137. 2001.
4 -25) 西修二他，航空自衛隊員の身体計測値—多次元尺度的男性女性操縦士マネキンモデルの検討—，航空医学実験隊報告，46（3），61-75，2006.
4 -26) MIL-STD-1472F（NOTICE 1　05 December 2003）.
4 -27) Meindl RS. et.al., A multivariate anthropometric method for crew station design, AL-TR-1993-0054, 1993.
4 -28) Plaga JA. Design and development of anthropometrically correct head forms for Joint strike fighter ejection seat testing, AFRL-HE-WP-TR-2005-0044, 2005.
4 -29) http://www.defensenews.com/story/defense/air-space/air-force/2015/10/01/exclusive-f-35-ejection-seat-fears-ground-lightweight-pilots/73102528/
4 -30) https://www.rockwellcollins.com/~/media/Files/Unsecure/Products/Product%20Brochures/Displays/Soldier%20Displays/F-35%20Gen%20III%20Helmet%20data%20sheet.aspx
4 -31) Hedges G, et.al., Development of the breakaway integrated chin-nape strap, AFRL-HE-WP-TP-2005-0022, 2005.
4 -32) GIBB R.W. CLASSIFICATION OF AIR FORCE AVIATION ACCIDENTS: MISHAP TRENDS AND PREVENTION. CI04-1814, 2006.
4 -33) SECOND ADDENDUM TO UNITED STATES AIR FORCE AIRCRAFT ACCIDENTINVESTIGATION BOARD REPORT, F-22A T/N 06-412. 16 November 2010.
4 -34) Aaron M.U.Church, The science of avoidance, Air Force Magazine, February, 2016.
4 -35) http://www.nasa.gov/centers/armstrong/Features/Auto-GCAS_Installed_in_USAF_F-16s.html
4 -36) Williams MD, Acquisition for the 21st century : The F-22 development program, National Defense University Institute for National Strategic Studies, Mar, 1999.
4 -37) Aircraft Oxygen Generation, United States Air Force Scientific Advisory Board, SAB-TR-11-04, 1 February, 2012.